IT Leaders 選書

２０２０年を見据えた
グローバル企業の
IT戦略 クラウド/ビッグデータ/IoT/GRC

入江宏志 著

インプレス

はじめに

　IT（Information Technology：情報通信技術）の深化の方向は、「企業／団体のため」から、「個人や社会を対象にした各種サービスを提供するため」へと大きく変化している。スマートフォンや、FacebookやLINEといったSNS、AmazonなどのEコマースが、その活用例だ。クラウドコンピューティングやビッグデータといった最新のテクノロジー領域では一般的に、「グローバルスタンダード」という概念が成立し難い。なぜなら、先端領域では、先頭を走り続けることが肝要で、標準化はどうしても後回しになってしまうからだ。誰もが使えるように標準化されたグローバルスタンダードを待っていては後塵を拝するばかりである。最新ITは、次々と新しい概念が生まれ、早期に実現されていく。今後のIT利活用を考えるためには、最新のITが、どんな課題を解決するために誕生してきたのか、その背景から理解する必要がある。欧米発が中心の最新ITには、欧米の文化が色濃く反映されていることにも配慮しなければならない。日本企業がグローバルに事業展開していくためには、世界の企業が、どういう方向性を考えているか、すなわち「グローバルトレンド」を知る必要がある。残念ながら、最新ITを"日本の常識"で判断し利用しようとしても、最大限の効果を得られない。本書では、社会や個人との関係性を強めている最新ITのうち、クラウドコンピューティングと、ビッグデータ、IoT（Internet of Things:モノのインターネット）、セキュリティを含むGRC（Governance、Risk Management、Compliance：企業統治、リスクマネジメント、コンプライアンス）の4つの領域について、その出現の背景や文化などを読み解くことで、最新ITに、どう対峙していくかの視点を提供する。

IBMやOracleよりも外資系の雰囲気が漂う会社があれば、日本企業の雰囲気に近い外資系企業もある

　本題に入る前に、なぜ筆者がグローバルなIT戦略に触れられるのか、その

背景をお話ししたい。筆者は、IT業界に入って早くも30年以上が過ぎた。社会人になって最初の5年間は日本企業（現在の日立システムズ）に勤めた。だが、その後28年間は一貫して外資系に勤めている。米IBMと米Oracleという外資系企業に長く勤めたが、2011年から2014年までの3年間は、グローバルにICTサービスを展開するディメンションデータ（Dimension Data）という、少し変わった外資系企業に属していた。どこが変わっているかといえば、ディメンションデータのグループ全体の拠点は南アフリカにあり、日本法人の親会社はシンガポールにある。ただし、グループの株式は100％、NTTの持ち株会社が持っている。地球をぐるりと一周して日本に戻ってくる感じだ。IBMやOracleの日本法人と比べても、筆者の経験の中では最も外資系の雰囲気が漂っていた。具体例の1つが人材の多国籍化である。2011年に入社した時も、日本のオフィスに予想以上に多国籍のスタッフが働いていたので驚いたのを覚えている。中国や、韓国、インド、イギリス、アメリカ、オーストラリア、フィリピンなどの出身者が何の違和感もなく、日本のオフィスにいた。筆者はコンサルタントとして、シンガポールのオフィスのコンサルタント達ともチームを組んで仕事をした。入社2日目で有償コンサルテーションの現場に出たが、その時に出会ったのが、シンガポールから出張で来ていたスウェーデン出身の優秀なクラウドコンサルタントだった。その後も、セキュリティ関連のコンサルテーションでは韓国とオランダ、データセンター関連ではインドとマレーシア、ITSM（IT Service Management）ではオーストラリア、Microsoftソリューションではフィリピン、ID管理ではシンガポール、モバイルではドイツと、案件ごとに異なる国の出身者とチームを組んだ。これらのコンサルタントの全員が日本との時差が1時間しかないシンガポールのオフィスに在席していた。それが、IBMやOracleと比べても、多国籍度が高く感じた理由かもしれない。一時期、戦略とリスクマネジメント・内部監査を中心とした外資ビジネスコンサル会社であるプロティビティに勤務していた。面白いことに、このプロティビティは、筆者が社会人として最初5年間を過ごした日本企業の雰囲気に物凄く近い。外資系企業も、日本企業の良いところを時間をかけて取り入れてきているとも考えられる。現在の環境で得られるグローバルな情報は、これまでの経験で得てきた日本と世界の差とも違っている。日本市場だけを見ていては感じられない国内外の違いをできる限りお伝えすることにチャレンジ

した本書が、日本企業が次の一歩を踏み出すための道標の1つになれば幸いである。

目次

はじめに ii

第1部
クラウドコンピューティングのとらえ方 1

第1章
米国発で進展するクラウド、日本はどこを目指すべきか 2
1.1　日本でSaaS市場が伸びない理由 2
1.2　「日本市場の規模は世界の10％」が成立しなくなった 3
1.3　クラウドサービス・ブローカー時代が到来 4
1.4　ITアウトソーシングはクラウドにシフト 5
1.5　どこまでも立ちはだかる言語の壁 7

第2章
想像を絶するスケール感が最新クラウドの姿を創り出す 8
2.1　グローバルだから可能な「夜だけ動くデータセンター」 9
2.2　日本の既成概念にとらわれない発想を 16

第3章
日本と欧米では、ITもとらえ方は"真逆" 17
3.1　ITのとらえ方も"真逆" 18
3.2　IT投資に見える「Double Long Tail」 18
3.3　SI比率は日本の80％に対し海外は5％ 20
3.4　日本のITは"脇役"どまり 21
3.5　日本企業は従業員のIT環境が盲点に 22
3.6　ガバナンスを「場所」で効かすか「人」で効かすか 24
3.7　現在のIT戦略や常識をいったん捨てる必要も 25

第4章
Amazonが制した「CIA cloud battle」が示す専門性の強み 26
4.1　専門性がリスクをオポチュニティに変える 26

目次　v

4.2	密結合型の日本と疎結合の海外	27
4.3	プロマネは専門職にあらず？	28
4.4	運用比率の高止まりの陰に"日本版 DevOps"	29
4.5	「フルスタック・エンジニア」への脱皮	30
4.6	アプリ技術者は、より業種特化に	32
4.7	Social と Legal の専門性が優先事項に	32

第 5 章
「お・も・て・な・し」とクラウドの間にあるもの ... 34
5.1	おもてなしの精神は海外では「差別」になることも	35
5.2	標準化への取り組み姿勢に影響が	35
5.3	世界一厳しい消費者の功罪	36
5.4	慎重な"アンチ派"が実は推進母体になる日本	37
5.5	ビデオ会議にも見られる国民性の違い	39
5.6	越えるべき 4 つ目の壁は「文化」	40

第 6 章
クラウドが変え始めた組織と個人の関係 ... 42
6.1	運用費で新規開発する日本版 DevOps が増えている	43
6.2	硬直した組織を打破するための 5 つの方向	44
6.3	個人と組織が対等になる時代が近づいている。	47

第 2 部
ビッグデータのあるべき姿 ... **49**

第 7 章
ビッグデータの取り組みで陥りやすい 4 つのミス ... 50
| 7.1 | ビッグデータで扱うデータは統計学とは異なる | 51 |
| 7.2 | ビッグデータと GRC の間にある関係性 | 56 |

第 8 章
ビッグデータで人は誰でも天才になれるか？ ... 58
| 8.1 | 価値が見出せなければ何の意味もない | 59 |

8.2	モデル化による「全体の95％」は信用できるか？	60
8.3	データ活用プロセスで重要な「分類・分析・分別・分掌」	62
8.4	システムの変化に伴いデータ分析も変化	65

第9章
ビッグデータの分類は処理プロセスによって変化する ... 67

9.1	構造化／非構造化はデータ保存の視点からの議論	69
9.2	形式が異なるデータをどう組み合わせるかが課題に	69
9.3	コンピューターによるデータ分析の歴史は始まったばかり	71
9.4	検証的手法とは180度考え方が異なる探索的手法	73

第10章
ビッグデータで成功する7つのパターン ... 75

| 10.1 | 新たな発見だけがビッグデータの価値ではない | 75 |
| 10.2 | PDCAに代わってOODAのプロセスが重要に | 82 |

第11章
ビッグデータを取り巻く想定外の7つの課題 ... 86

11.1	課題1：タッピング（Tapping：データ抽出）により結果は180度変わる	87
11.2	課題2：大きなインパクトによる誤誘導	88
11.3	課題3：客が望まない結果を推奨	89
11.4	課題4：国民性の壁	90
11.5	課題5：ビッグデータはフラクタルである	92
11.6	課題6：人間の側に限界がある	92
11.7	課題7：もはや役立たないデータ区分と未だ理論が不十分な分野の存在	93

第12章
KKD（勘・経験・度胸）の代替こそがビッグデータの"あるべき姿" ... 95

12.1	有限データのビッグデータ分析では"想定外"が当然に	96
12.2	専門家は意外と現実に対応していない	97
12.3	ビッグデータはサンプリングだけでは不十分に	98
12.4	データに責任を持つCDOが必要に	100

| 12.5 | デジタル痕跡というビッグデータで変わる社会 | 102 |
| 12.6 | ビッグデータを扱うための7つの結論 | 103 |

第3部
IoT時代のITシステム ... 105

第13章
IoT時代のシステム構築はイベントドリブン型になる ... 106

13.1	M2M、SoLoMo、SMBC、SMACなど、すべてがIoT関連用語に	106
13.2	要件を明確に定義できるシステムは、ほぼ作り終えている	108
13.3	モノづくりが根本から変わっていく	111

第14章
IoT活用で問われているのは発想力、ブレインライティングが有効 ... 114

14.1	IoT＋イベントドリブン型の取り組みは始まっている	114
14.2	イノベーションを支えるのはアイデア／発想である	116
14.3	ブレインライティングで他者のアイデアを膨らませる	119
14.4	既存IoT事例からイベントドリブン型システムを発想	120

第15章
IoTが導く第3のドリブンは"エモーション（感情）" ... 122

15.1	個人情報と販売履歴が中心のデマンドドリブン型	123
15.2	正規分布の法則が崩れるイベントドリブン型	124
15.3	客の要求やモノのイベントに依らないエモーションドリブン型	126
15.4	各種センサーでエモーションの間接的な把握が可能	128

第16章
IoTでデータを再集中させるセンサーの課題が未解決 ... 129

16.1	グローバル企業は局面の変化をとらえるのに敏	130
16.2	CPUにも変化を求めるイベントドリブン型システム	131
16.3	意外と見落としているセンサーの課題	131
16.4	ウェアラブル端末含めた共通課題はバッテリー	132
16.5	データをお金に換えるビジネスモデルが必要	134

第 17 章
IoT で活性化するロボットと人工知能（AI） ... 135
- 17.1　センサーが感情をデジタルデータに変える ... 136
- 17.2　B2C 分野での開発が進み始めたロボット ... 137
- 17.3　第 1 次 AI ブームから 30 年を経て実用期に ... 138
- 17.4　左脳的と右脳的の両アプローチが重要に ... 139

第 18 章
IoT が実現する社会に向けた戦略を確立せよ ... 141
- 18.1　デマンドドリブンとイベントドリブンが融合 ... 143
- 18.2　ビジネス含め科学的アプローチが主流に ... 144
- 18.3　ICT の発展が、これからの社会を切り拓く ... 145

第 4 部
GRC（Governance、Risk Management、Compliance）をどうとらえるべきか ... **149**

第 19 章
グローバル視点でみた「GRC」の光と影 ... 150
- 19.1　GRC のキーワード 1：4 つのリスク ... 152
- 19.2　GRC のキーワード 2：不正のトライアングル ... 153
- 19.3　GRC のキーワード 3：個人情報の扱い ... 154
- 19.4　GRC のキーワード 4：権限者と証拠 ... 155
- 19.5　明治維新から続くグローバル化の光と影 ... 156

第 20 章
リスク管理はガバナンスのためにある ... 158
- 20.1　日本人は「リスクが嫌い？！」 ... 158
- 20.2　危機管理もリスク管理も継続的な取り組みが重要 ... 160
- 20.3　リスク管理とガバナンス/コンプライアンスの境界線 ... 160
- 20.4　グローバル企業としての IT ガバナンスを考える ... 163
- 20.5　進行度は成熟度でチェック ... 164
- 20.6　IT ガバナンスを進めるための"IT 三種の神器" ... 165

第 21 章
グローバルな信頼性はアーキテクチャーを求める 167
21.1　クラウドで取り戻せた密結合のアーキテクチャー 169
21.2　アルゴリズムは疎結合が優位に 170
21.3　コンピューターの世界にも存在する黄金比率 171
21.4　美しさの判断基準を鈍らせる価格と言う尺度 173
21.5　もはや信頼できない正規分布 174

第 22 章
グローバルにみるビジネスモデルの成功条件 175
22.1　IT 構築のアプローチ方法の原点は経営主導 176
22.2　アプローチ手法が日米欧で別々に 177
22.3　ビジネスモデルの成否を決めるルールの存在 180
22.4　デマンドドリブンからイベントドリブンへ 181
22.5　反対意見がないビジネスモデルは成功しない 182
22.6　末尾が「5」と「0」の年に特徴的なできごとが多い 183

第 23 章
GRC が求める英語力、遂行能力、プレゼン力 186
23.1　GRC が求める英語力 187
23.2　日本語で話して分からなければ「能力が低い」と判断される 188
23.3　GRC が求める遂行能力 189
23.4　遂行能力を高める 3 つの S 190
23.5　GRC が求めるプレゼン力 191
23.6　同じ内容でも理解度が変わる「メラビアンの法則」 192

第 24 章
グローバル成長における日本とアジアの差 194
24.1　成長力の源泉はハードとソフトの間にある差 194
24.2　優秀な女性が活躍する国や企業は成長過程にある 196
24.3　優位な IT の定義は、これまでとは全く異なる 198
24.4　自然淘汰を意識し新陳代謝を繰り返す必要がある 199
24.5　課題先進国日本だからこそイベントドリブン型システムの開発を 200

第1部

クラウドコンピューティングのとらえ方

第1章
米国発で進展するクラウド、日本はどこを目指すべきか

　日本市場では評価が高いのに世界市場には通用しない製品やサービスを「ガラパゴス」と呼ぶ風潮が定着して久しい。日本の常識と世界の常識に大きなギャップが生まれている。同様のことは、企業のIT戦略や情報システムでは起こっていないとは断言できないのではないだろうか。こうした観点から、2020年を見据えた「グローバル企業のIT戦略」を読み解いてみたい。

　「ITのとらえ方の違い」「専門性への取り組み」「国民性」「組織」などである。まずは、クラウドコンピューティングに対する取り組みが、どう市場に反映されているかを見ていこう。

1.1　日本でSaaS市場が伸びない理由

　「Cloud Computing（クラウドコンピューティング）」という言葉が生まれたのは2006年のことである。その後、IaaS（Infrastructure as a Service）が瞬く間に浸透してきた。あるデータによると、世界中のIaaSビジネスのうち90％は、米国発の企業が占めている。確かに、著名なIaaSプロバイダは、米国でビジネスを開始した企業ばかりである。筆者が在籍したDimension Dataも「OpSource」という2002年に設立されたIaaSプロバイダを2010年に買収し、現在のクラウド戦略の柱にしている。

　日本でクラウドと言えば、IaaSとPaaS（Platform as a Service）、SaaS

(Software as a Service) だ。PaaS が多少弱含みではあるが、それぞれが同様のビジネス規模を持っている。ところがグローバルでは、クラウドビジネス全体の「80% は SaaS」という報告もある。

　日本企業の場合、IT 資産をクラウドに載せたとしても、リホスト（コンピューターロジックはそのままで、ハードウェアを変更）するケースがほとんどである。いかに、これまでの IT 資産を活かすかに重点が置かれているわけだ。割り切って、リライト（基本的なコンピューターロジックはそのままで、アーキテクチャーや OS を変更したり、他の開発言語で書き換えたりする）や、リビルド（コンピューターロジックもビジネスロジックも変更する）には、まだまだ敷居が高い。

　SaaS を採用することは、新しいビジネスロジックを採用することに他ならないため尻込みしてしまう。結果として、誰もが知っていて良く使われる SaaS も、日本市場では数えるほどしか存在しない。一方、米国では、様々なアプリケーションが SaaS として提供されている。ユーザー企業がこれまで取り組んでこなかったビジネス領域にも SaaS を試す動きがある。クラウド市場の内訳をみるだけでも、ビジネスロジックの変更に柔軟かどうかの違いが如実に現れている。

1.2　「日本市場の規模は世界の 10％」が成立しなくなった

　ところで、日本の市場規模は、かなりの領域で「世界の 10%」と考えれば間違いはない。GDP（国民総生産）から電力消費量、マネーロンダリングの額など、いずれもが約 10% 程度である。IT 市場も同じで、その規模は世界の約 10 %だ。今までは、その 10 % 市場に対し、外資系企業が IT 製品を売ってきた。なので外資系企業は総じて、グローバルの 10% を売上目標にしてきた。

　クラウド時代には、これまでの構図が壊れ、従来の流通経路ではなく、クラウドの中でビジネスが成立してしまう。だから、外資系 IT 企業の日本法人は、グローバルの 10% を取れなくなっている。外資系 IT 企業の中には、日本市場での売り上げがこの 20 年間で半分になった例もある。インターネットを契機に無償（フリー）のビジネスモデルが蔓延してきたためだ。

ユーザー企業にすれば、20年も前なら高額なIT予算を組まなければできなかったことが、全くの無償で実現できる領域が出てきている。ただ、コンサルタントとして言えば、やはり、無償のビジネスモデルは成り立たないと考える。どこかにしわ寄せが行っているのは事実で、付加価値をいかに付けるかにかかっている。

1.3　クラウドサービス・ブローカー時代が到来

　では、外資系IT企業の日本法人やグローバル化を目指す日本企業は、どこを目指すべきか？
　そのヒントとなる動きが「クラウドサービス・ブローカー」という形態である。
　クラウドサービスの事業形態は欧米では既に、クラウドプロバイダ、クラウドブローカー、クラウドアグリゲーターの3つに分かれている（図1.1）。日本では、クラウドプロバイダには2013年10月時点で約50社が参入しているが、クラウドブローカー、クラウドアグリゲーターはあまり目立たない。
　一方、アジアでは既に、インドのBSNL、インドネシアのIndosat、香港のHGCといった各国を代表する通信事業者が、クラウドブローカー事業を開始している。Dimension Dataが提供するサービス基盤を使って、「ホワイトラベル」でクラウドサービスを展開する。ホワイトラベルとは、他社が提供するサービスを、それぞれのブランドで提供する形態である。クラウドアグリゲーターは、これまでにない付加価値を付けたクラウドサービスを提供する。ITベンダーは、この領域に自ら参入するか、参入したい企業を支援する役割を担うことになるだろう。ユーザー企業にすれば、IT製品をITベンダーから買う時代は終わり、クラウドサービス・ブローカーから借りる時代が近づいていることを認識すべきである。さらには、ユーザー企業自らが、クラウドサービス・ブローカー市場に参入していくのも悪くない選択だ。

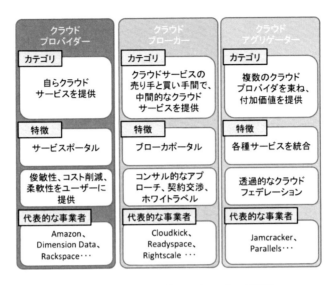

図 1.1　クラウドサービス・ブローカーの種類

1.4　IT アウトソーシングはクラウドにシフト

　ところで、クラウドが台頭してくる前の 2000 年前後、日本ではアウトソーシング・ビジネスが流行していた。「所有から利用へ」という流れでは、クラウドと同じと見る向きもあるかもしれない。当時、どの業界の、どの企業もこぞって IT ベンダーが提供するアウトソーシングモデルを採用した。

　ただ、その波に敢えて乗らなかった企業がある。各業界の No.1 企業だ。彼らは、フルスコープのアウトソーシングを避ける傾向が強かった。

　アウトソーシングの契約更改は 10 年が主流だった。そのため、クラウド後の 2010 年前後に契約更改の最初の波が出現した。その際に、IT ベンダーが真っ先に狙ったターゲットが、10 年前にフルスコープのアウトソーシングを断った業界 No.1 の企業である。しかし、既にクラウドという選択肢が見えていたので、この作戦は見直しを迫られている。

　IT アウトソーシング（ITO）について、シンガポールに在席するヨーロッパ系のコンサルタントと議論した結果が図 1.2 である。

	日本	米国	EU	中国
現況	・成熟状態 ・保守的 ・リスク指向 ・高い言語の壁 ・ほどほどのアウトソーシングのボリューム	・飽和状態 ・ローマージン ・厳しい競争 ・大手ITアウトソーシング（ITO）事業者による占有	・成熟状態 ・保守的 ・リスク指向 ・中程度の言語の壁 ・ほどほどのアウトソーシングのボリューム	・成長過程 ・ローコスト構造 ・投資が政府関連に限られ難い ・アウトソーシング領域での低い投資
将来の方向性	・クラウド第1世代のアウトソーシング。中心はSME（Small、Medium、Enterprise）に向けたパブリッククラウドとSaaS ・クラウド第2世代アウトソーシング。中心はMNC（多国籍企業）に向けたプライベート/ハイブリッドクラウド ・限定的なアウトソーシング、マルチソース	・従来のITO事業にとっては魅力なし ・ベンチャー企業を含むユーザー企業の数の多さは魅力	・クラウド第1世代のアウトソーシング。中心はSME（Small、Medium、Enterprise）に向けたパブリッククラウドとSaaS ・クラウド第2世代アウトソーシング。中心はMNC（多国籍企業）に向けたプライベート/ハイブリッドクラウド ・限定的なアウトソーシング、マルチソース	・クラウドからコンピュートサービス、さらにSaaSへは、あと5～10年は必要

図1.2　ITO（IT Outsourcing）のトレンド比較

　今後、日本やEU（Europe Union）では、SME（Small、Medium、Enterprise：中小～大企業）がパブリッククラウド（Public Cloud）やSaaSを採用する動きが盛んになる。多国籍企業（MNC：Multi National Company）は、プライベートクラウド（Private Cloud）やハイブリッドクラウド（Hybrid Cloud）の採用に貪欲になると見られる。

　先のコンサルタントとは、クラウドの利用動向について業種別の違いがあるかどうかも議論した。その結果である図1.3をみれば、基本的には、セキュリティ要件が厳しければ厳しいほど、プライベートクラウド指向が強くなる。セキュリティ要件が低ければ、パブリッククラウドということになる。

業界	コンピュータニーズ	セキュリティへの要求	コストプレッシャー	クラウドモデル
金融	高い	高い	低い	プライベートクラウド
製造	高い	中程度	高い	ハイブリッドクラウド
通信	高い	中程度	中程度	ハイブリッドクラウド/パブリッククラウド
公共	中程度	高い	中程度	プライベートクラウド
小売り	低い	低い	超高い	パブリッククラウド

図1.3　グローバル市場における業界ごとのクラウド指向の方向

ただ、読者も同じ立場にあると思うが、物事はそんなに甘くはない。CPUやメモリーといったコンピューターリソース要件と、コスト要件とを含めた最低3つの要件を見る必要がある。加えて、各業界のビジネスの伸び率も勘案しなければならない。

　これらの要件を組み合わせて分析してみると、ビジネスが伸びている業種ほどハイブリッドクラウドのニーズが高く、次がパブリッククラウドである。

　そして低成長の場合はプライベートクラウドになる。ただし、セキュリティ要件が非常に高い場合は、ビジネスの伸び率に関係なくプライベートクラウドが採用　される傾向がある。

1.5　どこまでも立ちはだかる言語の壁

　こうした将来性においては、EUと日本は似ている。だが、両者の間でも「言語の壁」の高さは大きく異なっている。一般に、母国語が発達した国は、その民族は英語が苦手という説がある。残念ながら、ITの標準言語は英語なので、日本は言語の壁が高すぎる。EUもドイツ、フランスを中心に言語の壁はあるが、その高さは日本ほどではない。

　将来、ビッグデータ活用が進む過程でも、言語の壁が日本企業の前には立ちはだかってくる。ビッグデータに関する各種ツールの言語対応は、英語の次は中国語・アラビア語・ロシア語などで、ドイツ語・フランス語や日本語などは後回しにされる可能性が高い。

　従来のITO事業者にとって、米国は飽和状態にあり魅力的な市場ではなくなっている。米国の調査会社によれば、「ITサービス会社トップ100社　のうち25％が2014年までに市場から姿を消す。SaaS導入企業の30％はサービスレベルが低いことを理由にオンプレミスに移行する」と予測されていた。

　ただ、米国の市場は、違った意味で非常に魅力あることは事実である。その詳細は、第2章「スケールの差」で紹介したい。特に、ベンチャー企業を中心とした企業の数や、その伸び率には要注目である。

第2章
想像を絶するスケール感が最新クラウドの姿を創り出す

　IT戦略における日本と世界の差異を見極めるための観点として、以下では日本と海外の間にある「スケールの差」を考えてみる。端的に言えば、そこには極端なほどに異なる規模感が存在する。

　スケールの差に触れる前に、今一度、グローバル企業の定義を考えてみたい。国家が経済成長するためには、「人口」「技術」「貯蓄」「起業家精神」そして「何かが欠乏していること」の5つの要素が必要だとされる。企業も同様に、成長のための原動力は、「人」「もの」「金」「起業家精神」と「何かが欠乏していること」である。最初の4つは容易に思いついたが、最後の1つが厄介だ。
　海外の企業は、最後の「欠乏しているものは何か？」を模索するためにグローバル化を目指している。そのために、英語を公用語とし、多国籍でビジネスを展開し、多国籍の社員を採用し、社員をバイリンガルになるよう教育し、M＆A（企業の統合・買収）などを実施するのに十分な資金力を得ようとする。これらに加えて彼らが必要としているのが次世代に向けたIT戦略である。
　この次世代に向けたIT戦略において、日本と海外の取り組み姿勢の違いが、しばしば話題に上る。その要因の1つが、「スケールの差」であることは間違いない。以下では、『IT投資とデータセンターの規模』、『仮想マシンの数』、『クラウド導入率』、『コスト削減の感覚』、『企業数』の5項目をみてみよう。

2.1　グローバルだから可能な「夜だけ動くデータセンター」

(1) IT 投資とデータセンターの規模の差

　米 Google が持つ IT 資産（サーバー資産）をご存じだろうか？公表されているデータによると、129 億 1200 万ドルであり、1 ドル=100 円で換算しても、1 兆 2912 億円にもなる。四半期に、その 1 割以上に相当する、16 億 1100 万ドル（1611 億円）を買い足している。

　米 Microsoft の IT 資産は、99 億 9100 万ドル（9991 億円）で、四半期に Google を上回る 17 億 9400 万ドル（1794 億円）を買い足した。なんと、Google と Microsoft の 2 社で四半期に 34 億ドル（3400 億円）超を IT に投資したことになる。

　米 Facebook の IT 資産も 25 億 3300 万ドル（2533 億円）で、同じく四半期に 3 億 2700 万ドル（327 億円）を使っている。日本企業とは桁違いの IT 投資を続けているわけだ。米 Amazon.com の IT 投資額は、ネット通販の競合相手である米 BestBuy や米 Target と比べると、なんと 5 倍も多い。

　こうした企業の IT 投資を単純にサーバー台数に換算してみると、Google は 300 万台のサーバーを所有していることになる。こうした企業では、1 人の管理者が 1 万 5000 台以上のサーバーを管理しなければならないのもうなずける。IaaS で有名な米 RackSpace は、四半期で 4762 台（1 日当り 50 台）のサーバーを購入しているが、Google などと比較してしまうと、かなり少なく見えてしまう。

　かつて、米 IBM の初代社長が、「I think there is a world market for about five computers.（全世界が必要とするコンピューターは 5 台だけ）」と語っているが、それが現実味を帯びてきた。Google、Amazon、Microsoft、Facebook、そして米 Yahoo!の 5 社による新規の IT 投資だけでも、世界の IT 投資全体の 20% 程度になっている。そして今後も、その割合が増え集約が進むと思われる。最近、ビッグデータやデータアナリストの文脈からか、統計学や数学を用いた分析が流行だが、集中するものが、完全数の 1 つである「6」に近づいているようだ。上記の 5 社に加えた、もう 1 社がどこになるか、とても興味深い

ところだ。

　ちなみに、完全数とは、その数字の約数をすべて足すと、その数字になる数のことである。例えば、6の約数は、「1、2、3」であるが、これらを足す（1＋2＋3）と6になる。6以降は、28、496、8128が完全数だ。人類や宇宙にとって意味のある数字とされ、超弦理論（超ひも理論とも言う）でも、496は意味のある数字である。

　データセンターの単位で見ても、日本のデータセンター事業者が持つデータセンター総床面積は、計算上はGoogleのデータセンター以下になる。例えば、Googleがアイオワ州カウンシルブラフスに持つデータセンターの床面積は、486万平方メートルである。

　米国のクラウド事業者は、データセンターが巨大な故に、その設置・運用には様々な工夫を凝らしている。例えば、図2.1は知人であるインド人コンサルタントからもらったものだが、データセンターを川や湖のほとりに置き、潤沢な水資源を確保して施設を水で冷やしている。最近は、ベルギーやフィンランドといった寒冷地にデータセンターを設置し、温度が低い外気と安価な電気料金をうまく活用している。

図2.1　米オレゴン州コロンビア川の近くに立つデータセンター

「"Follow the moon" Data Center」という概念も良く知られている。夜間

は外気温も低く、かつ電気料金も安い。そこで、世界中に配置しているデータセンターのうち、夜を迎えている地域のデータセンターだけを稼働させれば、低い外気温を活用でき、しかも夜間の安い電気料金でデータセンターを運用できるというわけだ。日本国内だけを見ていては決して思いつかない発想だろう。

　Facebookは、スウェーデンのルーレオという町（人口5万人、平均気温2度）にデータセンターを作っている。WikiLeaksのデータセンターもスウェーデンにある。筆者の知り合いのスウェーデン人から、同国にあるデータセンターから空港までの交通手段の一部だという写真をもらったのだが、驚くなかれ、それは犬ぞりの写真だった（図2.2）。どれほどの寒冷地にデータセンターを作っているかが理解できるだろう。

図2.2　スウェーデンにあるデータセンターから空港までの交通手段

　そうかと思えば、「温度が上昇してもハードディスクの故障率は変らない」という考えから、サーバーを冷やさず、ハードウェアが壊れればサーバー全体を交換する。場合によっては、コンテナごと、あるいはデータセンターごと切り替えるという大胆な運用も米クラウド事業者は実施している。

　こうした判断が下されるのもスケールが大きいからだ。例えば、サーバーの平均故障時間が30年であっても、桁違いのサーバーを抱えるデータセンター

では常時何台かが故障していることになる。1万台当り、1日に約1台（正確には0.9台）が故障している計算だが、サーバーが100万台あるとすれば1日に約90台が故障していることになる。

（2）仮想マシンの数

　クラウドの世界では、従来のITに比べ、仮想化技術が重要だ。仮想化された環境では、VM（Virtual Machine：仮想マシン）が、どの程度存在するかが規模を図る1つの目安である。例えば、プライベートクラウドを考える際のVM数は、日米でどの程度の差があると思われるだろうか。日本で「小規模」といえば、10個程度だが、米国では800個程度でも小規模と考えるケースがある。

　ある日本のユーザー企業から「VM数が10個程度のプライベートクラウドを構築したい」という相談があった。だが、セキュリティ要件を含め、よく聞いてみるとパブリッククラウド、それもマルチテナントの環境でも全く問題ない要件だった。

　ITベンダーの言いなりになってIT資産を購入し、何でも「プライベートクラウドだ」というのは変だ。もちろんクラウドプロバイダの意のままに、すべてをパブリッククラウドでというのも説得力がない。要件に応じて両者を使い分けるハイブリッドクラウドにならざるを得ないだろう。

（3）クラウド導入率の差

　日本では、クラウドコンピューティングは、コスト削減の道具とみなされる場合が多い。だが米国では、企業が変革するための手段や海外展開の拠点だと認識されている。海外でビジネスを展開する場合、その国にあるデータセンターを使うし、欧州ではEUデータ保護規則といったコンプライアンス対応も必要になる。グローバル展開では、海外拠点を活用したクラウド化は不可欠である。

　こうした考え方の違いが、クラウド導入率に表れてくる（図2.3と図2.4）。日本のクラウド導入率は、本格的に導入する方向性である企業の比率が25％、導入しない比率が25％、残りの50％が潜在顧客である。米国では、10％程度が既に先行しており、好意的に受け止める企業が35％、否定的な企業が15％で

ある。潜在顧客は、日本と同じく残り 50% である。

	導入済み	検討し「利用しない」ことを決定
SaaS	28.3%(2012年) ← 23.6%(2011年)	20.8%(2012年) ← 6.8%(2011年)
パブリッククラウド	19.1%(2012年) ← 13.8%(2011年)	26.5%(2012年) ← 6.8%(2011年)
業界特化型クラウド	8.2%(2012年) ← 6.8%(2011年)	23.8%(2012年) ← 8.2%(2011年)
プライベートクラウド	17.2%(2012年) ← 12.9%(2011年)	26.5%(2012年) ← 5.6%(2011年)

図 2.3 日本における各種クラウドサービスの普及率

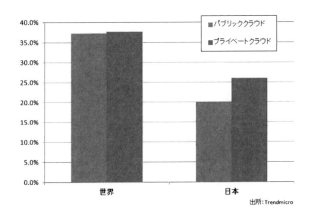

図 2.4 パブリッククラウドとプライベートクラウドの導入率の世界と日本の違い

　現時点では、イノベーターとアーリーアダプターがクラウドを採用しているのに加えて、フォロワーの一部が採用し始めている。図 2.5 でいえば、薄い破線から右側が該当する。一方で導入に否定的なのが、濃い破線から左側である。日米ともに、本格的なクラウド導入を躊躇している残り 50% をどう見るかがポイントだ。ここでは単に、サーバーを仮想化するだけではクラウドを導入したとは言えない。ビジネスに影響を与える変革をして初めてクラウド化したことになる。

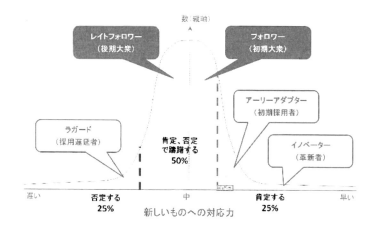

図 2.5　クラウドへの取り組み状況

(4) コスト削減目標の差

　クラウドをコスト削減策と位置付けるにしても、どんな目標を掲げるかで、その利用方法は変わってくるはずだ。IT コスト削減について海外では「50％削減」を目標にすることが常識になりつつある。場合によっては「70％削減」という企業もある。

　2000 年頃の経験だが、IT コストの削減策として、IT アウトソーシングが注目された際、さすがに日本企業も「削減率 10 ％以下」では見向きもしなかったものの、削減率が 10％ を少し超えれば採用する企業が多かった。しかし、IT アウトソーシングでは、人員の配置換えや再教育など当初想定していない「見えざるコスト」が発生する。10％ 程度のコスト削減率では元が取れないのが現実だ。

　最近は、「削減率 50％」を掲げる日本企業が出てきている。コスト削減では、お金・機能・時間のバランスを取る考え、すなわちトレードオフ思考が必要だ。コスト削減を優先するならば、多少の機能不足は我慢したり、時間がかかっても仕方がないと割り切ったりする潔さも大切である。スケールの大きな目標だけでなく、ダイナミックな方策で解決していくやり方もグローバル企業に見習いたいところである。

(5) 企業数の差

　日本は、米国と同じで成熟しきった社会だと言われている。だが、細かく分析してみると、実情は全く違うことが分かる。

　日本の上場企業数は 3541 社（2017 年 1 月 4 日時点）。一方の米国は約 5000 社で、日本の 1.5 倍だ。人口は米国が日本の 2.4 倍なので、人口比では、日本のほうが上場企業数は多い計算になる。ところが、1991 年からの 15 年間の事業所数を比較すると、日本では 84 万件程度減少している（出所：総務省『事業所・企業統計調書』）。対する米国では、約 800 万件も増えている（出所：『米国中小企業白書』）。この差は何であろうか？

　実は、米国では、SMB（Small Medium Business、中堅・中小企業）が力強いということが、この数値に表れている。米国では 2013 年に IPO（新規株式公開）した会社が 222 社あり、合計で 550 億ドル（5 兆 5500 億円）の資金を調達した。2013 年 11 月 7 日に上場した米 Twitter の調達額は 21 億ドル（2100 億円）だった。日本での IPO 数は、2007 年以降 2012 年まで、年間 70 件を上回ったことが一度もない。

　2013 年の IPO 数は 75 件で、ようやく 70 件の壁を越えた。それでも、米国の 3 分の 1 程度にすぎない。参考までに起業率を比較してみても、日本は 3 ％程度なのに対し、米国では 8 ％以上である（GERA：Global Entrepreneurship Research Association 調べ）。

　こうした差が IT 市場の成長力の差にもなって現れる。米 IBM や米 Oracle などのテクノロジー製品を売るのは、日本より米国のほうが容易なのだ。結果、日本では大手ユーザー企業頼みの市場構造になっている。ベンチャー企業の増加が望まれる。

　1970〜80 年代の米国では、日本や欧州が台頭し苦難に陥った際、中小企業技術革新制度 SBIR（Small Business Innovation Research）を打ち出し、政府がベンチャー企業の製品やサービスを購入した。日本でも、ベンチャー支援策があるにはあるが、より一層の支援が必要ではないだろうか。

　日本ではまだまだ「気合いで売る」体質が抜け切れていない。気合いは、もちろん大切だが、事実を認識したうえで、俗人的ではなく、科学的に売る方法へシフトする時期を迎えている。グローバル展開を図るのであれば、上述したような数字に基づく事実を正確に把握しておかなければならない。

2.2 日本の既成概念にとらわれない発想を

　ここまで、クラウドにまつわるスケールの差を見てきた。グローバル企業の特性の1つは「既成概念にとらわれないスケールの大きい考え方」であることが分かる。日本の規模感だけでITを見ていると、そのトレンドの意味するところを見誤る可能性があるわけだ。

第3章
日本と欧米では、ITもとらえ方は"真逆"

　IT戦略における日本と世界の差異を見極めるための観点として、「ITのとらえ方の違い」を考えてみよう。セキュリティやアウトソーシング、ソリューション、データの保存場所などの観点から見てみれば、欧米と日本のITのとらえ方には違いがあるというよりは、もう"真逆"のようである。

　つくづく、欧米と日本では考え方が異なっていると感じることが少なくない。言語の解釈順序の例が示すように、脳の構造から違うのではないだろうかと思うほどだ。例えば日本企業の場合、成果が出なくても、「これだけ頑張ったから」という経緯（プロセス）にこだわる。これに対しグローバルでは、当然ながら成果重視である。人材も、日本では、職務分掌に関係なく「何でもやります」という姿勢が重用されるが、逆に海外では「何でも『Yes』という人材はプロとして通用しない」と評価される。英国の首相だったウィンストン・チャーチルは回顧録にも、交渉の仕方、物事のとらえ方が真逆であることが記されている。

　「日本人は無理な要求をしても怒らず、反論もしない。笑みを浮かべて要求を呑んでくれる。それでもう一度無理難題を要求すると、またこれも呑んでくれる。さらに、無理を承知で要求してみると、今度は、笑みを浮かべていた日本人は全く別の顔になっていた。…（中略）…日本人が最初から覚悟をもっていることを教えてくれたら、妥協する余地はいくらでもあった」

　最近のニュースで話題になったのが"ため息"だ。テニスコートやディーリングルームなど、観客や関係者がいる場所で、プレーヤーが失敗すると、日本

人の観客は、ため息をつく。だが海外では、ため息ではなく、声を出したり怒ったり、なにがしかの具体的な行動が出る。チャーチルの回顧録同様の行動パターンなのだろうか。

3.1　ITのとらえ方も"真逆"

　物事の考え方が、日本と欧米でこれだけ違うのだから、ITのとらえ方も、また真逆である。以下では、(1) プライベートクラウド 対 パブリッククラウド、(2) ソリューションの意味するところ、(3) ビジネスとITの融合への取組み、(4) データの保存場所、(5) DRに関する考え方、(6) アウトソーシングのガバナンス、(7) セキュリティ、の7項目について、それぞれのとらえ方が真逆であることを示していく。

(1) プライベートクラウド 対 パブリッククラウド
　2章 (2.1の(5)) で述べたとおり、米国ではSMB (中堅・中小企業) の数が、日本以上に多い。そのため、「クラウドとは何か？」という質問に対し、米国では「SMB向けのパブリッククラウド」が大多数のイメージである。これが日本では、「大企業のプライベートクラウド」へと変わる。

3.2　IT投資に見える「Double Long Tail」

　「Double Long Tail」というキーワードがある。筆者の造語だが、企業のIT投資を、外部委託 (アウトソーシング) と自社運営 (インソーシング) のどちらにどの程度投資しているかをマッピングしていくと、2つのLong Tail (ロングテール：恐竜の尻尾のように長いグラフ) ができることを示している。
　図3.1が、そのグラフだ。横軸が企業規模 (左側が大きく、右側が小さい)、縦軸はITの外部委託か自社運営か (上側が外部委託のIT予算、下側が自社運営のIT予算) の指標である。
　ある大手自動車メーカーはアウトーシングタイプを好まずインソーシングに

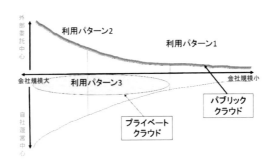

図 3.1　企業規模と IT 投資傾向にみるクラウドの"Double Long Tail"

投資しているため、下のほうが長い。逆に、その競合企業は、アウトソーシング好きでインソーシングは少な目なので上のほうが長くなる。

図 3.1 の中で、クラウドの利用パターンを見ると、次の 3 つがある。

- 利用パターン 1：中小企業が、企業単位で、パブリッククラウドを使う
- 利用パターン 2：大企業が、部門単位で、パブリッククラウドを使う
- 利用パターン 3：大企業が、企業単位で、プライベートクラウドを構築する

プライベートクラウドは、従来型の IT 投資の形を変えているだけで、IT 投資全体にはあまり影響を与えない。これに対し、パブリッククラウドは、図 3.1 の上側の曲線部分で示すように、アウトソーシング型として IT 投資は純粋に増える。従来、CRM（Customer Relationship Management：顧客関係管理）を IT 化していなかった企業が、米 Salesforce.com のサービスを利用し始めるといったケースである。

日本では、情報システム部門が存在する大企業からクラウドに取り組んでいるため、プライベートクラウドへの傾斜が見られる。だが今後は、プライベートクラウドとパブリッククラウドを組み合わせたハイブリッドクラウドの重要性が増すだろう。ちなみに、クラウドのビジネス規模は、IT 市場全体の 3% 程度である。

（2）ソリューションの意味するところ

ソリューションの意味は、米国では「ソリューション＝製品」であるが、日本では「ソリューション＝SI（System Integration）」である。ソリューションという言葉が日本で浸透し始めた当時には、様々な混乱があった。製品と解釈する人から、ユーザー向けにカスタマイズしたコードだと考える人まで千差万別である。とらえ方の違いが影響しているわけだ。

3.3　SI比率は日本の80％に対し海外は5％

そもそもSIにおいても、日米では取り組みが全く異なる。例えば、Oracleなど商用データベースをユーザー企業が社内利用する場合、米国では、自社開発が75％、外部コンサルタントへの依頼が20％、SIは残り5％のみだ。だが日本では、自社開発は20％、残りの80％がSIになる。

ERP（Enterprise Resource planning）ソフトも、米国では可能な限り製品をそのまま使うよう工夫するが、日本ではSIによりカスタマイズしてしまう。カスタマイズしたシステムが有効活用されれば良いが、そうでなければSIそのものが無駄な投資になる。バージョンアップ時にも、カスタマイズに対応するための費用が発生する。日本企業が、開発に手間とコストをかける間に、外資系企業はERPを素早く導入し、本業に力を入れているのである。

現在、垂直統合型のアプライアンスが流行っている。特定の機能に特化する形で、サーバーやストレージ、ネットワーク、ミドルウェアなど製品を組み合わせた製品だ。

このアプライアンスの某製品について、「日本のSI事業者はあまり積極的に取り組んでくれない」と、シンガポールにいる某ITベンダーからの愚痴を聞かされたことがある。理由は簡単。事前にセットアップされているアプライアンスでは、SIの出番が少ないからだ。同製品は海外では、SMB領域でも良く売れているという。

（3）ビジネスとITの融合への取組み

米国ユーザーは、ITの価値を享受するために「ビジネスとITの融合」を

図っている。その一例が、経営者向けダッシュボードである。複数の情報源からデータを集め、経営者に分かりやすい形に分析・加工することでビジネスの最新状況を伝える。

しかし日本でダッシュボードといえば、システムアラートやサービスデスクなど、IT サービスマネジメントのベストプラクティスをまとめた ITIL (Information Technology Infrastructure Library) に沿った運用を進めるための情報システム部門の利用に留まっている傾向がある。監視対象も、「イベント」や CPU といった死活監視が中心で、本格的にビジネスに活用する域には達していない。

なお、ここでいうイベントとは、ITIL の基本用語で、構成アイテムや IT サービスの管理にとって、重要性のある状態の変更のことである。あらゆる IT サービス、構成アイテム、またはモニタリングツールが生成したアラートや通知を含む。イベントは通常、IT 運用担当者に対応を求め、結果としてインシデントが記録されることが多い。

3.4　日本の IT は"脇役"どまり

米国で IT の活用意欲が高いのは、2 章（2.1 の (5)）で示したように、SMB の数が多く、生き残ってアメリカンドリームを掴もうとする気概の表れである。IT は立派な経営資源の 1 つとの認識が定着していると言える。

日本では、大企業を中心に、「会社は潰れない」という余裕からか、ビジネスに IT を活用するというより「IT は IT のまま」である。当然、日本のビジネスにも IT は役立ってはいるのだが、主役ではなく"脇役"といった感は否めない。IT を手段と見るのではなく、より重要な経営資源として評価するべきである。

同様の理由から、IT アウトソーシングの目的にも違いが現れる。IT アウトソーシングの目的は、ビジネス改革、安定稼働、コスト削減の 3 つである。このうちコスト削減は、日本でも海外でも共通して求められる。だが、米国では「IT によるビジネス改革」のニーズが強いのに対し、日本では「IT の安定稼働」を求める傾向がある。

（4）データの保存場所

　データの保存場所について、日本人は慎重なのか軽率なのか良く分からない。例えば、日本ではGoogleメールなどの利用例にあるように、重要な個人情報であっても意外と自らのデータがどこに保存されているかを気にしていない。結果、大切にしているはずの日本企業の知的財産であるビジネスデータが、年間150TBも海外に流失しているという事実がある。

　一方で、会社の機密情報には慎重で、HR（Human Resource：人事）情報をパブリッククラウドに保存するといったリスクはあまり冒さない。一方の米国では、M＆A（企業の統合・買収）が盛んで、買収された企業のほうが社員の給料が一桁高いといったケースもあることから、HR情報を社内で管理するほうがモラル・ハザードなどのリスクが高いと考えている。

▌3.5　日本企業は従業員のIT環境が盲点に

　グローバルにビジネスを展開し、各国消費者だけでなく、自社の各国従業員のプライバシー情報を扱うような場合、各国の現地データセンターに情報を保存したほうが、コンプライアンス的にも無難である。日本企業の場合、消費者には気を遣っても、従業員については、ついつい盲点になってしまう。例えば、ヨーロッパのビジネスでは、地元の法律に沿った対応を、消費者に対してだけでなく、現地従業員に対しても採らなければならない。

　IT関連事業者の間にも、データの保存に関して2極化の傾向がある。データセンターを世界各国に分散する形式と、1カ所に集めて、せいぜいバックアップサイトを別に持ちDR（Disaster Recovery：災害対策）に活かす形式である。グローバルな企業は前者の分散型を、従来型の企業は後者の集中型を好むというトレンドにあるようだ。

（5）DRに関する考え方

　ITが社会で不可欠な資源になった後に、日本で起きた大震災は1995年の阪神淡路大震災が最初である。それ以前の日本企業は、DRソリューションをあまり購入してこなかった。災害が起こると、海外ではDRソリューションが売れ

るのだが、日本では真逆の反応が起こる。

　理由は2つある。1つは、何か災害があると、「当分、災害は来ないであろう」と思う心理意識があること。もう1つは、仲間意識が強く、「周り全部が駄目になるならば仕方がない」という意識である。ただ、こうした傾向も、2011年の東日本大震災以降は一変し、誰もがDRに関心を持つようになった。平安時代に起きた一連の自然災害（西暦850年～887年の災害や西暦869年の貞観地震・津波など）のような類似事象を分析すると、1995年に起こった阪神淡路大震災を起点に、以後30～40年間は災害には要注意の期間である。

　東日本大震災は、貞観地震・津波に似ており、2035年頃まではDRには特に気を配ったほうが良さそうだ。これを裏付けるように、2013年11月には首都圏で、M（マグニチュード）5以上の地震が3回発生している。

(6) アウトソーシングのガバナンス

　2000年にアウトソーシング・ビジネスが活性化した際、アウトソーシングのタイプは日米で対照的だった。米国では、複数のユーザー企業のシステムを、アウトソーシングを受け入れるアウトソーシング事業者のサイト1か所に、できる限り集めようとした。そのほうが、ガバナンスが効き、しかも、コスト削減ができるからである。これをコア型と呼ぶ（図3.2）。

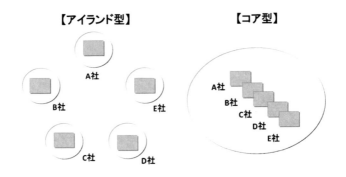

図3.2　アウトソーシングのアイランド型とコア型

　これに対し日本では、各ユーザー企業のサイトで運用を代行するアウトソー

シング契約が結ばれた。これはアイランド型と呼ぶ。アウトソーシング事業者とユーザー企業がJV（Joint Venture）を設立する、いわゆる、戦略的アウトソーシングである。

3.6　ガバナンスを「場所」で効かすか「人」で効かすか

　コア型の米国企業は、物理的な「場所」でガバナンスを効かせている。アイランド型の日本は、「人」でガバナンスを効かせることを選んでいる。戦略的アウトソーシングでは、ユーザー企業は自社のIT要員を、アウトソーシング事業者の社員にする、あるいは逆に、アウトソーシング事業者の運用要員を受け入れることでガバナンスを強めているわけだ。どちらも賢いやり方だ。

　この背景には、日本人の「場所」へのこだわりがありそうだ。日本人は、土地への執着心が極端に強いといえる。個人の総資産の内、建物34％、土地33％、耐久消費財資産9％と、合計で76％が場所絡みの資産が占める（日本銀行の2009年のデータによる）。

　ところが米国は、不動産が総資産の23％にとどまり、比べようもなく低い（FRBの2012年のデータによる）。広大な国土を考えれば当然の数字ではあるのだが、日本人は古来、農耕民族のDNAを持ち自らの「場所」にこだわってきた。そのため、アウトソーシングでも自社での運用を望んでいると分析できる。

（7）セキュリティ

　米国ではデータベースは、当たり前のように暗号化されている。2013年11月18日には米Yahoo！が、世界中の同社データセンターに入ってくる情報のすべてを暗号化すると発表している。だが日本では、データベースの暗号化は、先進企業を中心に進んではいるものの、その比率は米国と比べようもない。

　ただし、IT以外では日本ではセキュリティに厳しい。何事も十分に対策を打ってからでないと先には進めない。実際、モノづくりのセキュリティは、他国とは比べようもなく厳しい。やはり、日本は製造業の国であり、ハードウェアへの執着心がある。壊れにくいハードウェアを考え、ハードウェアによるエ

ラー対策を優先し、ハードウェアが壊れれば丁寧に修理する。

　ところがIT関連では、セキュリティにかける費用は、経験的に言うと、最終的にはプロジェクトから削除か縮小されることが多かった。社会のIT依存度が高い米国では、モノづくりセキュリティより、ITのセキュリティのほうが厳しいといえる。特に、ITへの危機感は高く、暗号化を含めセキュリティに多額の投資を行っている。そこでのハードウェアは壊れることを前提に、ソフトウェアによるエラー対策を考える。

　ただ、海外の一部クラウド事業者の中には、ビジネス優先で、意図的にプライバシー情報を活用し、「何かトラブルが発生すれば、そこで謝れば良い」という風習も見受けられる。そのために海外では、米国の消費者プライバシー権利章典やEUのデータ保護規則などが発達している。どちらが良い悪いというよりも、考える順序の違いということなのだろう。

3.7　現在のIT戦略や常識をいったん捨てる必要も

　このように、ITに関するとらえ方は、日本と海外では真逆なケースが少なくない。いっそのこと、今持っているIT戦略や常識をいったん捨てて、真逆にしてITをとらえ直すのも良いのではないかとさえ思えるほどである。

第4章
Amazonが制した「CIA cloud battle」が示す専門性の強み

　IT戦略における日本と世界の差異を見極めるための4つ目の観点は、「専門性へのこだわり」である。日本では「専門家が育たない」と良く指摘される。だが、そもそも"専門"のとらえ方から異なっているようだ。

　専門性の重要性を示す事件が、米CIA（Central Intelligence Agency：中央情報局）のクラウド調達案件で起こった。ICTの世界における"専門店"である米Amazonが、米IBMを含む大手総合ベンダーに対し競り勝ったのだ。それも、"安さ"を売りするのではなく、提案内容によって勝ち取った。契約額は、10年間で6億ドル（600億円。1ドル＝100円換算、以下同）で、他社提案よりも5400万ドル（54億円）も高かったらしい。

4.1　専門性がリスクをオポチュニティに変える

　「CIA cloud battle」と呼ばれる、この内容を知ったとき、今から20年以上も前の1993年に出会った、ある言葉が頭をよぎった。筆者が某百貨店のコンサルティングに携わった際に某大学関係者から聞いた以下のコメントである。
　「百貨店もITベンダーも、何でも提供していると、いずれ駄目になる。専門店を目指すべきだ。百貨店では、社員が商品展示を工夫していない。商品を展示しているのはメーカーから派遣された人だから、複数メーカーの商品を組み合わせた販売ができない」

これは、筆者が初めて有償コンサルテーションを実施した 1993 年の話である。それ以前は、SE（システムズ・エンジニア）の作業は、メインフレームを購入するユーザー企業に原則無償で提供されていた。某百貨店には「情報システムについて」と題し、プロトタイプ込で、かなり分厚いコンサルティング資料を作成したと記憶している。

　どの業界でも、勝ち組は専門店である。百貨店を含め、何でも扱う総合店は、難しい時代を迎えている。バブル期には、小売業界では、より広い売り場面積を持つ店舗を作れば、周りの小規模な店の商品をまるごと扱えるため、「大きいほうが勝てる」とされていた。そんな時代も今では懐かしい。CIA cloud battle を教訓に、競り負けた IT ベンダー各社は、IT インフラを米国連邦政府に提供する場合に必要な認証である「FedRAMP（Federal Risk and Authorization Management Program）」を素早く取得し、次の案件に備えている。リスクをオポチュニティ（機会）に変えようとするグローバル企業の前向きさは見習いたい。なお、2013 年末のニュースで、米国連邦政府の情報収集に対し、Google、Yahoo!、Facebook、Twitter、Microsoft、LinkedIn、Apple、AOL の米国企業 8 社が制限を要請したが、Amazon と IBM が、そこに名を連ねていないのは興味深い。

4.2　密結合型の日本と疎結合の海外

　日本人は、職務分掌があいまいで、良い意味で、自分に与えられた範疇以外の仕事もよくこなす。人間関係を大切にし、密な結合を好むといえる。データセンター業務においても同様に、ハードウェアを丁寧に扱い、壊れれば何度でも修理する。すなわち、密結合の社会である。

　これに対し海外では、職務分掌が明確で、極端に言えば、職務記述書に書かれていること以外はやらない。データセンター業務では、ハードウェアは壊れれば修理せず交換する。非常に合理的と言えよう。これは、疎結合の世界であり、疎結合が故に高い専門性を求めることになる。

　筆者は 1989 年に日本 IBM に中途入社した。"桁違い"に優秀な方と仕事ができることを期待したからだ。当然、そこで出会った方々は、ほとんど全員が

優秀であった。ただ残念ながら、その後の約23年の間に、専門性で「アッ」と驚くような方々には出会えなかった。

ところが、Dimension Dataに入った時に、いきなり凄い専門性を持ったコンサルタントに出会った。シンガポール在住のスウェーデン人である。入社してすぐに、彼と3カ月間の有償コンサルティングに携わったが、かつての3年分に相当する内容だった。

誤解がないように言えば、IBMやOracleに専門性が高い人がいない訳ではない。桁違いに凄い人材は、海外に出ていることが多かったのである。定年間際のIBMの方が、筆者の相談に対し、帰ってきた答えは、今も鮮明に覚えている。「優秀な人は、日本法人にもたくさんいる。だが、突出した人材は日本にはいない。いたとしても、彼らは米国本社にいる」。

現在はグローバルな時代である。日本にいるかいないかは、大きな問題ではなくなってきた。だが、グローバルで通用するためには、他から認められる専門性が必要である。標準に準拠した人材ではなく、良い意味で、専門的に突出した人材が常に求められている。

4.3　プロマネは専門職にあらず？

システム開発においては、プロジェクトを管理するPM（Project Manager：プロジェクトマネジャー）は不可欠な存在である。日本でもPM育成に力を入れる企業は少なくない。だが、海外ではIT業界を除くと、「専門がPM」といっても納得されないようだ。

コンサルタントやエンジニア、PMなど多種多様な専門家が集まる研修会のときのことだ。外人講師が、参加者それぞれに各人の"専門"を尋ねた。データベースや、ネットワーク、ERPなどと答える中で、1人が「プロジェクトマネジメントが専門だ」と答えた。すると、その講師は困った顔になり、「プロジェクトマネジメントは専門性ではない。あなたの専門は何ですか？」と、また質問したのである。

講師の本意は、「プロジェクトマネジメントは誰にも必須な能力である。その上で何ができるのか」を聞きたかったというわけだ。事業推進というプロ

ジェクトにおいて、何の領域の専門家であるかについては、PMだけでなく、多くの管理職も意識しなければならないだろう。

4.4　運用比率の高止まりの陰に"日本版DevOps"

　IT部門の専門分野として、開発と運用といった分け方をしている企業は少なくない。最近は、開発（Development）と運用（Operation）を合成した「DevOps」というキーワードが話題になっている。アプリケーション開発者とITインフラ運用者が密に連携することで、開発したアプリケーションを即座に本番稼働させ、ビジネスに直結するITサービスの価値を早期に刈り取るのが狙いだ。

　ところで、日本企業の中には、開発のための費用が捻出できず、運用費で開発を賄っているところがあると耳にする。本来のDevOpsとは異なるアプローチであり、"日本版DevOps"だと言える。日本ではここ10年、ハードウェアやソフトウェアなどのテクノロジーにかける費用が横ばいで推移する中で、開発費は減少し、運用費が8倍に増えている。その背景には、ボトムアップによる改善を続ける日本版DevOpsの存在もありそうだ。

　また日本のユーザー企業では、インフラ担当者とアプリケーション担当者に分けるケースも多い。データベースやミドルウェアはインフラ担当者が、ユーザー・アプリケーションはアプリケーション担当者が、それぞれ責任を持つという考え方である。しかし、両者が専門になり過ぎるが故に、それぞれの範疇で最適化を図っているつもりが、逆に間違った結果になってしまうことが少なくない。

　例えば、DR（災害対策）を考えてみる。インフラ担当者は、ストレージ・メーカーからストレージ・レプリケーション（複製）のソリューションを買う。一方でアプリケーション担当者は、データベース・レプリケーションのソリューションをデータベース・メーカーから買ってしまう（図4.1）。二重に持つメリットとデメリットを十分に理解したうえで購入・利用しているのなら良いが、全社最適の視点で合理性も考慮すれば、いずれか一方で十分である。

　この例で判断を難しくしているのが、データベースの位置づけだ。データ

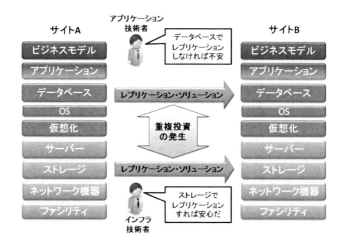

図 4.1　専門性に深入りすると、重複投資などが発生し、全体最適を阻害する

ベースは特別なアプリケーション、すなわちミドルウェアの 1 種であると考えるか、データベースは OS 上で動くアプリケーションの 1 つに過ぎないと考えるかである。データベースをミドルウェアとしてインフラ担当者が管理すれば良いが、データベースをアプリケーションと考えて、アプリケーション担当者に権限を持たせると、上記のように、似たような機能を買うという無駄を招く。

4.5　「フルスタック・エンジニア」への脱皮

　データベースをミドルウェアだと定義しても、インフラ担当者がストレージだけに特化しすぎると、データベースにまで気が回らなくなる。逆にデータベースだけを考えると、ストレージや仮想化まで考えが及ばない。部分的には正しくても、全体から見ると間違った結果になる「合成の誤謬（ごびゅう）」である。専門家が考えた各層を全体的に考える人材が必要になってくる。
　その意味で海外では最近、「フルスタック・エンジニア」という言葉が使われ出している。ネットワークやサーバー、ストレージなど、それぞれ 1 つのスタックに限定特化したエンジニアではなく、全スタックに総合的に対応できる

エンジニアを求める声が強まっている。

　図 4.2 でいえば、IT リソースをサーバー、ネットワーク、ストレージといった各レベルでプロビジョニングするのではく、フルスタックでオーケストレーションできなければならない。各担当者に求められる専門性の範囲が広がっている。

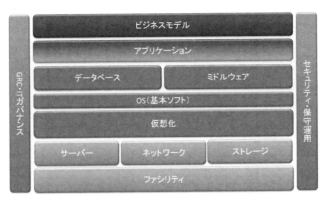

GRC: Governance、Risk and Compliance

図 4.2　オープン化で細分化が進んだ IT インフラリソース

　今後は、SDN（Software-Defined Network）に代表されるテクノロジーにより、すべての ICT リソースはソフトウェアで管理されるようになる。結果、アプリケーション開発者が、各種 API（Application Programming Interface）を使って、必要な IT インフラを構築・制御するようになるだろう。そこでのインフラ技術者は、ネットワークからサーバー、ストレージまでを統合できる専門性が求められるだろう。

　しかし、インターネットがビジネスで使われ始めた 1995 年より前は、1 人の SE が、サーバー（当時はメインフレーム中心）からネットワーク、データベースまでのすべてを担当していた。構成要素が異なり、複雑性も高まってはいるものの、これまでのスペシャリストではなく、ジェネラリストが求められる時代に振り戻っているといえる。

4.6　アプリ技術者は、より業種特化に

　インフラ技術者がジェネラリスト指向になっているのに対し、アプリケーション技術者は業種特化色が強まっている。IT業界では米国を中心に、業種特化のソリューションやコンサルティングの人気が高く、製品もよく売れている。
　クラウド以前は、サイロ化されたシステムの中で、図4.2にある各層をつなぐことが精一杯で、業種別に特徴あるシステムを提供できず、ITベンダー各社とも同じようなアーキテクチャーで競い合っていた。
　それがクラウド時代になり、状況が一変した。ITベンダーが各層を連携した製品を提供するようになったため、ユーザー企業は業種特化のシステム開発に取り組めるようになった。海外では、このことが十分に理解されているので、業種特化のソリューションが好調である。
　米国では、クラウドビジネスの80%を、SaaSが占め、専門性が高いサービスが多い。業界別・アプリケーション別に、汎用的なSaaSからニッチなSaaSまでがそろう。SaaSディレクトリとして、「Cloud ShowPlace」を参考に挙げる。Cloud ShowPlaceは、1章で紹介したクラウドブローカーの1社である。
　日本ではまだまだ、業種特化の専門的なソリューションは浸透していない。サービスをコモディティ化、すなわち、どこでも買えるようなものに仕立て、安く提供することにだけまい進している。これでは、サービス事業者も疲弊するし、ユーザー企業にしてもクラウドの恩恵を受けられない。

4.7　SocialとLegalの専門性が優先事項に

　専門性への取り組み姿勢の違いは、IT戦略・IT利用にも大きな影響を与えている。グローバル企業は、より専門特化することで業務を推進している。結果、IT分野でも、本物のIT専門家や、専門性の高いコンサルタントが育つ。
　逆に、本物のIT専門家や、専門性の高いコンサルタントがいるからこそ、利用企業のIT活用も、より戦略性が高くなる。日本企業においても、本物の

IT 専門家や、専門性の高いコンサルタントとの出会いを真剣に求めるべきだろう。

専門性に必要な要素は、経営者や技術者、営業担当者など、それぞれにレベル感に違いがあっても、次の5つである。

1. Economic：経済的
2. Political：戦略的
3. Technical：技術的
4. Social：社会的（社会貢献、社会通念から外れていないことなど）
5. Legal：コンプライアンス

1～3はビジネスを前進させるためのアクセルである。残りの4と5は、ビジネスを制御するブレーキの役割を持っている。

日本企業がIT戦略などを作成する場合、前者3要素の、どれか1つに偏る傾向が強い。例えば、「経済的」に固執する結果、安価な仕組みを追及しすぎることである。グローバル企業では、前者3要素のバランスを常に考えながらIT戦略を立案している。

後者2つの要素についても、2000年以前は、ビジネスを優先し犠牲にしてきた。だが、2000年後半からは、前者3要素よりも優先されるようになってきている。

第 5 章
「お・も・て・な・し」とクラウドの間にあるもの

　IT 戦略における日本と世界の差異を見極めるための観点の 5 つ目は、国民性の違いである。IT 戦略を打ち立てるなかで、国民性がどう影響するかを考えてみたい。

　「Cloud Computing（クラウドコンピューティング）」という言葉が 2006 年に生まれて、既に 10 年以上が経った。この間に、クラウド関係の本や雑誌で筆者が「本当に面白い」と思った記事がある。『クラウド化知的生産革命』という、NEWSWEEK 誌の 2009 年 10 月 28 日号の記事だ。
　論旨を簡単にいえば、人類史上で革命は過去 3 回起こっている。1 回目がコペルニクス、2 回目がダーウィン、3 回目がフロイトである。いずれも、それ以前の考えを否定して新しいものを生み出した。コペルニクスは、天動説を否定し地動説を唱え、ダーウィンは、人間は特別な存在でなく単に動物だとした。フロイトも、人間はすべて意識的に行動するのではないとして無意識の行動に注目した。
　そして第 4 の革命がクラウドである。『クラウド化知的生産革命』に、筆者の考えを重ね合わせると"グローバル化"が大切なキーワードとして浮かび上がってくる。
　1 度目の革命期（1492 年～）には国家のグローバル化が進み、2 度目の革命（1800 年頃～）では企業のグローバル化が進展した。3 度目の革命（1900 年頃～）では、国家を超えた企業間の連携がテーマになり、4 度目の革命である現在は、個人のグローバル化が進もうとしている。個人のグローバル化を進め

るプラットフォームが、クラウドなのだ。

5.1　おもてなしの精神は海外では「差別」になることも

　個人を考える際に、今最も注目されている言葉の1つが「おもてなし」だろう。2020年のオリンピック開催が東京に決まる際のキーワードでもあり、2013年の流行語大賞の1つにも選ばれた。筆者も好きな言葉であり、「Hospitality」という英語と一緒に頻繁に使っている。しかし、グローバルに見れば、この「おもてなし」が実に難しい。日本で普通に行われている「おもてなし」も、何らかの理由で一部の人にしか提供されないと海外では「差別」と受け取られかねないからだ。全員を対象に実施しようとすると当然、コストもかかるので、海外では「余計なサービス」とみなされて実行されないことが多々ある。

　日本で、SI（System Integration）が発達していることは、3章『日本と欧米では、ITもとらえ方は"真逆"』で言及した。その根底には、儒教文化に根差した「おもてなし」の精神が影響しているといえる。

　海外では、製品そのものをソリューションにして提供する。それを日本では、相当にカスタマイズしてからユーザー企業が利用している。「痒いところに手が届く」わけだが、一方でコスト高になり、経営が求める"スピード"も犠牲にされてきた。

　先進国のなかでも日本は、取引先ごとに異なるサービスを求められるためにビジネスルールが複雑になる。その複雑なルールをSI（個別開発）で作り込む。ビジネスルールが基幹処理に取り込まれてしまうので、ルールが変更になる度に、厳重なテストが毎回、求められる。

5.2　標準化への取り組み姿勢に影響が

　アプリケーション・プログラムの中にビジネスルールとコンピューターロジックが混在していると、ビジネスルールを変更する際にもプログラマが必要になる。これが、ビジネスの変化にコンピューターがついていけない理由だ。

開発言語を旧来の COBOL から新しい Java に変えても、ビジネスルールが分離されていなければ、変更の速度が遅いことに変わりはないのである。この点を誤解しているユーザー企業は少なくない。

　グローバル企業になるうえで、標準化は避けては通れない。最近は日本でも標準化が優先され、例えばコールセンターに電話をかけても、ありきたりの対応しか受けられず、「昔のコールセンターのほうが良かった」と思うことが多々ある。「標準化」と「おもてなしの精神」をどうバランスさせるかは、日本企業にとっては悩みの種になる。

　同じ儒教文化の国である韓国企業の場合は、韓国市場の小ささが幸いしてか、SAMSUNG などは、おもてなし製品ではなく、グローバル製品を標榜している。日本企業は、日本の市場が大きいが故に、おもてなし製品を捨て切れず、ガラパゴス化を招いてしまう。ガラケーに代表される製品が、かつては世界最先端の製品だったことは事実である。

　しかし、おもてなしの精神は、海外でも広く認められている考え方だ。ある程度はコスト高になっても、"日本流"を貫くのは間違いではないと思う。ただ、おもてなしを受ける相手が、我々の流儀を知らない場合も多い。合意しなくてもお互いがお互いを知ること、すなわち"agree to disagree"が大切になる。

5.3　世界一厳しい消費者の功罪

　日本の消費者は「世界で一番厳しい」と言われている。これこそ、我々が誇りにすべき長所である。実は世界各国のグローバル企業は、日本市場でまず試し、そこで勝ち残った製品を持って世界市場に進出している。

　世界一厳しい消費者を示す面白いデータに出会ったので共有しておこう。電話を掛けた際に、相手が出るまでに何分間待てるかというものだ（図5.1）。厳しい日本の消費者はコールセンターの対応1つにしても、長時間は待てないのだ。

　これをクラウドに当てはめると、日本市場の動きが遅い原因の1つがみえてくる。日本のクラウド事業者の中には、何でも提供し、しかも安いことを売り

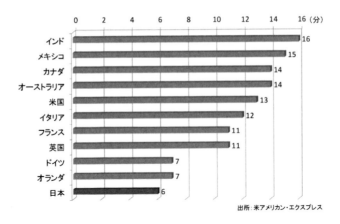

図 5.1　コールセンターに電話を掛けてつながるまで待てる時間の比較

にする企業がある。ホームページ上の解説も丁寧で、メニューも豊富だ。ところが、いざ契約しようとすると、個別見積もりになってしまう。これでは、早さを求める国民性を持つユーザーには受け入れられないだろう。

待ち時間の結果に見られるように、コンピューターのバグに対する寛容度も海外より低いように感じる。ハードウェアについては、徹底的な品質管理によって日本製に勝る製品はない。

ただ、ソフトウェアになると話が違ってくる。厳しいユーザー要件に耐えられるソフトウェアは、安いコストでは実現できていないからだ。安さを売りにするクラウドサービスは、それを実現する仕組みがあるのかどうかの検証が必要な理由がここにある。

5.4　慎重な"アンチ派"が実は推進母体になる日本

米国には、こんなジョークがある。

「本屋の店頭でOracleデータベースに関する本を手に取ってみた。中を開いてみるとOracle社員の名刺が入っていた」

極端に言えば、米国では何でもビジネスにしてしまう。インターネットでもクラウドでも、儲けになりそうなものは何でもビジネス化してしまう。要は、

バブル好きなのである。日本では、何でもビジネスにするという発想は乏しい。特に、ソフトウェアやサービスの世界では、どうしても単なるユーザーになってしまう傾向が強い。

新しいことが生まれると、米国人は新たな機会（Opportunity）ととらえ、日本人は重大な脅威と感じる。機会の反対にリスク（Risk）があるわけだが、米国人にとってはリスクもビジネスチャンスになる。日本人は、リスクをリスクそのものとして扱っている。ただリスクをリスクととらえるが故に、日本では協業や事業統合は起こりやすい。

1984年頃の日本には都市銀行は、13行が存在した。それが今は4行である。銀行が潰れたり統合されたりすることを、一般人は想像すらできなかった。だがビジネス・トレンドに敏感な都市銀行は、1980年代から既に新入社員研修で「銀行が将来、淘汰される」と淡々と説明していたという。リスクに関する感性で生き延びてきたのも事実である。

こうした傾向は、新しい流れの進め方にも現れる。筆者は2006年以降、いくつかのクラウド研究会や団体、あるいは講演会などで多くの方々と出会い、話してきた。その際、参加していた講師のみなさんや、研究会の委員といった方々は、どちらかと言えば"クラウド派"というよりも"アンチクラウド派"のほうが多かった気がする。

これは悪い意味ではなく、既得権益を守ろうとするのは必然である。SI事業者などが既存ビジネスを守りながら、クラウドを推進し、いち早く対応しようとする姿勢は大切だ。

日本人は、クラウドについての理解度も非常に高いといって良い。下手をすると、利用企業のほうがITベンダーよりもクラウドに詳しいケースも少なからずある。新しいことに挑戦しようとすると、今までなかった協業が必要になったり、過去には考えられなかった競合が露呈したりしてくる。

こうした変化を柔軟に受け止め、既得権益と新しいものを融合することも不可欠だ。グローバル企業としては、ビジネスモデルへの楽観性と、リスクへの悲観性の二面を持たなければならないだろう。

5.5 ビデオ会議にも見られる国民性の違い

　最近は日本企業においてもビデオ会議の実施を求められることが増えてきた。いくつものビデオ会議に参加していると、ここにも国民性が出てくる。日本でのビデオ会議の参加者は、大きく2つのタイプに分かれる。一方はカメラから隠れようとし、他方は目立とうとする。この両極端は興味深い。米国でのテレビ会議では、振る舞いはとても自然でカメラを意識していない。

　日本でビデオ会議システムを導入しようとすると、ROI（Return On Investment：投資対効果）が強く求められる。電話や会議室は元々、総務部門の管轄であり、IT化されても施設に関しては総務部門の権限が強い。しかし、ビデオ会議のITシステム部分は情報システム部の管轄になる。2部門以上が絡むため、余計にROIが求められるのだろう。これに対し米国では、使い勝手が重視され、ROIよりもボトムアップの意見が尊重される。

　ROI以外に、日本でビデオ会議が隅々まで浸透しない理由はお分かりだろうか？答えは、出張好きで、膝を突き合わせて打ち合わせをしたいという国民性である。ビデオ会議システムの品質や使い勝手は、数年前に比べて格段に良くなっており、会議の目的は十分以上に果たせるようになっている。わざわざ直接に出向かなくても良いとは思うが、「どうしても出張したい」という国民性は、とても理解できる。

　日本がITだけでなく、様々な分野で良い製品を作っても世界標準にならない理由が、この出張にあると思う。

　標準化団体はヨーロッパにあることが多い。ヨーロッパ各国は、頻繁に会い標準化を詰める。ヨーロッパとは距離的に遠い日本は、ビデオ会議や電話会議を使いこなしてでも、標準化の真意をつかむ努力が必要だったのではないだろうか。それが不得手だったがために、"蚊帳の外"に置かれてきた。グローバル企業としてビデオ会議を使いこなしながら、重要な時には俊敏に出かけて会う。このバランスが大切なのである。

5.6 越えるべき4つ目の壁は「文化」

 日本では、仕事の経験は「暗黙知」として伝承されてきた。これに対し欧米では、「SoD（Segregation of Duties：職務分掌）」として各人が担当する範囲を明確に規定し、その内容を定めている。暗黙知をグローバル化するためには、共有化という意味でクラウド化は必須である。

 インターネットにより我々個人は、「時間」「空間」「言語」の壁を超えたとされている。誰もが、24時間いつでも切れ目なく、海外と英語でやり取りするようになった。

 そして、超えなければならない、もう1つの壁が「文化」である。国民性も文化とみなせば良いだろう。冒頭でクラウドは、第4の変革と指摘したが、まさに文化の壁を超える良いきっかけになる（図5.2）。

図5.2 グローバル化で越えるべき4つの壁

 第4の変革が求める個人のグローバル化において、相手の文化を十分に理解（understand）し、尊重しながらも、一方では、自分の文化や意見も堂々と主張（assert）することが必要だ。日本人は「understand」を安易に「理解する」

と訳しているが、本来は「"十分に"理解する」ことである。最近は、外国人が日本企業のトップに就くケースも珍しくなくなってきたが、そこでの最大の違いは、国民性に基づくものだろう。

　日本では古来、支配する者が名目上の絶対権力を持つものの、実質的には"真空状態"にあった。政治でも企業でもスポーツでも、トップがあまりにマイクロマネジメント（重箱の隅をつつく）を実施するとうまくいかない。トップの周りを補佐やコーチで固め、彼らがうるさく言うことで組織が成り立ってきた。

　そのトップも、かつては能力がなくても、その地位にある限り周りからちやほやされてきた。だが最近は、地位にあった「正当性」が問われ始めている。善管注意義務違反、忠実義務違反など管理職には厳しい時代になってきた。この点に関する詳細は、別途コンプライアンスをテーマに考察したい。以上、見てきたように、国民性がIT戦略やグローバル化に及ぼす影響は決して小さくはない。

第6章
クラウドが変え始めた組織と個人の関係

　IT戦略における日本と世界の差異を見極めるための観点の最後は、組織である。クラウドコンピューティングの時代に望まれる組織のあり方について考えてみよう。

　ITサービス事業者が提供するサービスの中で、国内と海外とで存在感が異なる分野の1つが、「IT Service Management（ITSM：ITサービス管理）」だろう。ITSMに関する案件は、海外のほうが、その動きが目立っている。
　海外におけるITSMでは、ITSMコンサルタントが顧客と密接に連携して活動する。そのため、ITSMサービスの価値も顧客に明確に伝わっていく。結果、ITSM自体やITSMコンサルタントの必要性について疑問を持たれることがない。
　一方、日本におけるITSMは、SI（System Integration）における1プロセスとして組み込まれている。ITSMコンサルタントも、顧客の前面に出るわけでなく、SIに参画している要員の1人になってしまう。なので、ITSMという案件は海外ほどには目立たない。
　ITSMの国内外で差異は結局、4つのP、すなわち「People」「Process」「Product」「Partner」をどう考えるかの違いの表れだ。具体的には、組織における人の役割（People）や、必要なプロセスの定義（Process）、効率性を高めるITツールの活用（Product）、協業先の範囲（Partner）のとらえ方が異なっている。最近はITSMとクラウドを絡める考え方があるが、そこでは、パブリッククラウドをPartnerに位置付けているのだと考えれば納得しやすいだろう。

6.1　運用費で新規開発する日本版 DevOps が増えている

　外資系 IT ベンダーの社内組織は、データベースやミドルウェア、アプリケーションなど製品別に分かれている。SI（System Integration）／ NI（Network Integration）事業者では、PS（Professional Service）と MS（Managed Service）に分かれている。前者が構築、後者は運用を担当する部門である。これまでの事業形態からみれば、これらの分類に不思議はない。だが、現在の顧客ニーズに合わせれば、IT ベンダーは、仮想化、統合化、高速化などに分けたほうが良いかもしれない。SI ／ NI 事業者のケースでも、DevOps（開発と運用の連携）が進展してくれば、構築と運用という分け方自体が近い将来、古くなる可能性がある。

　実際、最近は新たな構築費を捻出できないプロジェクトが増えており、運用費の名目で新規のアプリケーションを開発するケースも出てきた。これを筆者は「日本版 DevOps」と名付けている。こうした環境下では、もはや構築と運用を分けている意味がない。

　組織の関係性を見る IT ツールも存在する。某海外企業では以前、社内の電子メールのやり取りを分析する IT ツールを使い、いつ、誰が、誰に、どの程度、電子メールを出したかを見ていた。メールの内容そのものではなく、これらのメタデータを見ることで、組織の結合度を測っていたのである。

　組織を 1 つにしたほうが良いのか、2 つに分ければどうなるのか、といったことも同 IT ツールでは試行できた。こうした科学的な取り組みも、グローバル企業は事業展開のために実施しているのだ。

　こうした IT ツールの利用にかかる費用を情報システム部門が一括して負担する、あるいは各利用部門に一律に課金することは、グローバルにみれば良くない選択だ。受益者負担が原則で、利用者に従量型で負担させるほうが良い。ITSM の世界では「チャージバック」と呼ばれる方法である。

　受益者負担の考え方は、IT に限ったことではない。海外では日常生活でも頻繁に出くわす。例えば、シンガポールのセントーサ島に渡る電車の運賃には、同島に入るための料金が含まれている。利益を受ける人が、それに見合った費用を払うという考え方は今後、日本でも定着していくであろう。将来的に

は、エレベータに乗る際にも課金されるようになるかもしれない。

6.2 硬直した組織を打破するための5つの方向

　サイロ化された縦割りの組織は硬直化しやすい。硬直した組織を打破するために、グローバル企業が取っている5つの方法を紹介する。

（1）新たな人材を入れる
　組織のトップを変えるという方法は誰もが思いつくだろう。これは、衝突解析の考えを組織に当てはめると理解しやすい。ある人が、ある組織に入る時、力学的にみれば、小さな物体（人）が大きな物体（組織）にぶつかっても、大きな物体には、ほとんど影響がない。しかし、トップという人材は同じ小さな物体でも密度が高いため、大きな物体への影響は大きい。結果、組織は大きく変貌する（図6.1）。

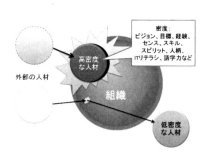

図 6.1　衝突解析の視点で見た組織論

　人材の密度とは、ビジョンや目標、経験、センス、スキル、スピリット、人柄、ITリテラシー、語学力などである。なので、たとえトップでなくても、影響力が強い人を採用すると組織は変わる。だからこそ、採用する側は、自分よりも優秀な人を採るべきである。ただ、比べるのは今の自分ではなく、応募者の年齢と同じ頃の自分と比較しなければならない。
　よく聞く話だが、Bランクの人は、扱い易さから、自分より下のCランクの

人を採ろうとする。だが、Aランクの人は、自分より上のA＋ランクの人材を獲得しようとする。衝突解析の考えでいえば、Cランクでは組織に影響を全く与えないが、A＋ランクならトップと同等に組織を変えられる。

（2）ボトムアップで意見を収集し、マネジメントが参考にする

　マネジメント層は意外と現場のことを理解していない。現場の本音を引き出せれば、マネジメントの意思決定次第で組織を変えることができる。ボトムアップに意見を集約するためには、「Brain Writing（ブレイン・ライティング）」という方法を推奨したい。関係者が複数人集まって、あるべき組織の姿を「書く」ことで創造する。

　一般によく実施されるブレイン・ストーミングでは、声が大きい人、役職が上の人の意見が通りやすいだけでなく、言い放して終わるケースがほとんどだ。これに対し、アイデアを書き出すBrain Writingでは、組織全員が同じ立場で、同じ機会をもって参加できる。（図6.2）

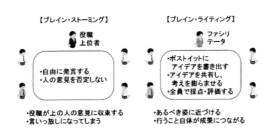

図6.2　Brain Writing（ブレイン・ライティング）による組織の変革

　Brain Writingの進め方はこうだ。まず、大きいサイズのポストイットに各人がアイデアを書き出し、それを他の人に回す。ポストイットを受け取った人は、そこに書かれている内容を参考にしながら、新たなアイデアを書き足していく。1時間もすれば、100個程度のアイデアが出てくる。

　みんなが出したアイデアについて、参加者全員が平等に、重要度、緊急度、実現可能性の3項目で採点・評価する。時間がなければ、重要度だけで評価してもかまわない。こうして得られた結果を忠実に守れば、組織は変わっていく。

　有効な結果を抽出するためには、ファシリテータの力量が問われるのも事実

である。ただ、筆者がファシリテータを務めた経験からいえば、出された結果そのものよりも、Brain Writing というセッションを実施すること自体が、組織を確実に活性化させる。

(3) トップダウンで IT リテラシーの高い組織に集約する

　最近は日本企業が、欧米やアジアの会社を買収するケースが少なくない。その際、従来の IT システムを割り切って捨ててしまい、買収した子会社が採用している IT システムを採用し、IT リテラシーが高い組織へと全体を集約しているという考え方も必要である。

　IT リテラシーを基準にすれば、買収した欧米企業のほうが高いケースは少なくない。例えば欧州企業の場合、独 SAP 製のパッケージをトップダウンで導入し、IT ガバナンスを効かせる方法が主流である。そこでは、ボトムアップ型で導入した日本の IT システムや IT ガバナンスはローカルな仕組みとして、グローバルな考え方からは、残念ながらかい離していることになる。

　クラウドコンピューティングにおいても、欧米企業はパブリッククラウドをどんどん使っている。だが日本では、プライベートクラウドへのこだわりが、まだまだ強い。こうした考え方の違いがある限り、日本企業が海外に子会社を持った場合、組織としての扱いに困るケースは少なくなってはいかないはずだ。

(4) 女性を登用する

　米国では、全業界の勤労者のなかで女性が占める割合は 46.9% で、IT サービス業界では 25% である。今後は、この比率がさらに高まると言われている。日本では、2013 年の企業における女性の比率は、一般職 43%、専門職 50%、管理職 18%、役員 11% である（『Mercer 2013 Japan Total Remuneration Survey』）。また世界経済フォーラム（WWF）の『男女格差報告 2013 年』によれば、日本のジェンダー・ギャップ指数（GGI）は、136 カ国中 105 位である。

　ある調査によれば、女性の勤労比率が上がれば生産性がアップするというデータが出ている。「機会均等」が、グローバルなキーワードの 1 つであることを認識するだけでなく、組織として女性を活用することが変革に近づくということも理解しなければならない。

(5) HiPPO から DIKW へ

「HiPPO（the Highest-Paid Person's Opinion）」とは、「組織における重要な意思決定は、最も報酬が多い人の意見に依存する」という従来モデルを反映する言葉である。欧米では、この HiPPO モデルがずばり当てはまる。

これに対し日本では、大手企業を中心に、社長の意向よりも、経験を積んだ実務担当者の勘に基づいた「KW（Knowledge & Wisdom：知識と知恵）」が重宝されてきた。ただオーナー企業や外資系企業では、欧米と同じように HiPPO が当てはまる。

しかし、クラウドコンピューティングやビッグデータの登場・普及により、従来の HiPPO も KW も実態にそぐわなくなりつつある。経験や勘に頼るのではなく、データを情報にし、そこから知識や知恵を獲得・活用する「DIKW（Data, Information, Knowledge & Wisdom）」モデルへと切り替わる時代が近づいている。

6.3　個人と組織が対等になる時代が近づいている。

最後に組織と個人の関係を考えてみたい。その象徴でもある名刺を取り上げてみよう。あくまでも筆者のアイデアではあるが、組織にあっても個人が自らの責任で取り組めるビジネスにおいては、名刺には組織名がないほうが良いと最近は思うことが多い。名刺を受け取っても、会社名と名前、役職までは覚えても、部署名の印象は薄い。この意味でも、職種によっては、名刺に組織名は不要ではないだろうか。組織変更のたびに名刺を作り直す必要もなくなる。社員数が多いと名刺の変更は意外とコストがかかるものである。

ただ組織内では、タイムリーな組織名を付ける必要はある。クラウドが流行りかけると、いち早く部署名にクラウドを入れ、ビッグデータが脚光を浴びると今度は、部署名の一部にビッグデータを入れる。実態はともかく、形から入ることも大切だ。部署名をまず変えて、所属するスタッフへの啓蒙やスキルアップを図ることも、グローバル化を進めるうえでは重要な方法だ。

名刺と言えば、今でも銀行では、テラー（窓口係）や支店長の名刺にはメールアドレスが入っていないケースが多い。情報管理の観点もあるだろうが、本

当にメールアドレスを持っていない方もいる。確かに、彼らの業務であれば、メールアドレスは不要なようにも思われる。

　筆者が仕事で交換する名刺の99%には、メールアドレスが入っている。だが最近は、それだけでは不十分に感じることもある。SNS（Social Networking Service）が頻繁に使われているが、自らの紹介ページや講演資料などをクラウドで管理し、名刺に入れるのも良いだろう。

　グローバル企業では、人材の入れ替わりが激しくなる。筆者がIBMやOracleに務めていた当時は、「IBMの入江」「Oracleの入江」というように、会社や組織あっての個人だった。

　だが最近は、会社名を以前のように前面には出さず、個人名を出すように心がけている。個人としてプレゼンテーションや講演をして、そこで興味を持ってもらえれば、組織の一員として対応する。こうしたスタンスが、今の時代には合っているように感じられる。

　将来的には、クラウドソーシング（Crowd Sourcing）という働き方も増えていくだろう。そこでは、グローバルかどうかよりも、個人が組織と対等になり、個人が大企業を相手に仕事をすることになる。クラウドが当たり前になることで、我々の働き方も大きく変わろうとしているのである。

第 2 部

ビッグデータのあるべき姿

第 7 章
ビッグデータの取り組みで陥りやすい4つのミス

　本章では 2020 年を見据えた「グローバル企業の IT 戦略」の一環として『ビッグデータ（Big Data）』を取り上げる。ビッグデータの目的や特長、手法、活用シナリオと可能性、課題点、そして、あるべき姿について考えていく。7 章では、ビッグデータの目的を考えてみたい。

　ビッグデータの目的を考える前に、まず認識しておきたいことがある。それは、ビッグデータの収集・分析・活用により"逆転現象"が起こりうるということだ。逆転現象とは、これまで不可能だったことが可能になり、後発組が先発の勝ち組に張り合えるようになることを指す。逆にいえば、先発した勝ち組や既得権益を得ている側は、ビッグデータ対策により自らを守っていかねばならない。

　この動きはまさしくグローバル化と重なってくる。歴史を振り返ってみても、グローバル化は必ず逆転現象を引き起こしている。ビッグデータへの取り組みは、単なる IT 戦略にとどまらず、グローバル環境に生きる企業はビジネス戦略として前向きに対応する必要がある。

　2013 年 7 月 30 日に決定された日本再生計画は、ビッグデータにより約 10 兆円規模の関連市場を創出するという目標を掲げている。米国でも経済の起爆剤として、シェール革命とともにビッグデータに注目する。米ホワイトハウスは 2014 年 5 月に『BIG DATA：SEIZING OPPORTUNITIES, PRESERVING VALUES』という、いわゆるビッグデータ白書を公開。ビッグデータにより世界の GDP（Gross Domestic Product：国内総生産）が 15 兆ドル押し上げら

れるとしている。

7.1　ビッグデータで扱うデータは統計学とは異なる

　さて、ビッグデータの目的である。
　「すべてがビッグデータで予測できる」……。これがビッグデータの究極の目的であろう。ただ当然ながら、データを大量に集めれば、これまで解明できなかったことが何でも解決できると言うわけではない。大量データは適切なITツールと方法論がないと全く役に立たない。逆に言うと、適切なITツールを入手し、方法論つまり理論がそろえられれば解決可能になる。
　ビッグデータでは統計学との関連が強いと考えられている。データサイエンティストやデータアナリストなど、統計の素養のもつ人材への期待が高まっているのは、そのためだ。
　しかしビッグデータで扱うのは、統計学が扱う「ひな形（全データの代表）」とは異なり、「母数そのもの（全データ）」である。母数を分析する過程で、重複や対象外といった不要なデータを捨てていき、ある基準から必要になるデータを選択し取得する。これを「タッピング（tapping：データを抜き出すイメージ）」という。
　一般的なビッグデータでは、分析方法が図7.1のようになりがちである。何かを分析する時に、対象にすべき全体（破線内）があるものの、実際に取得できるのはその一部（薄い実線内）でしかない。そのため、分析結果は、一部（濃い実線内）しか示しておらず、求めるべき真の結果とはズレ（図7.1の黒塗り領域）が生じている。

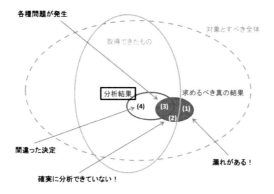

図 7.1　ビッグデータ分析で見られる 4 つのミス

このズレは、ビッグデータで陥りやすい以下の4つのミスに起因する。

- ミス1：漏れが存在している
- ミス2：確実に分析できない
- ミス3：各種問題（局所的やコスト高など）が発生する可能性がある
- ミス4：間違った決定を下している

これだけでは少し難しいので、理解しやすいように3つの事例を紹介する。

事例A：間違った決定と漏れ「感染元は、きゅうり／トマトか、もやしなのか？」

2011年5月、ドイツなどで重篤な感染症（腸管出血性大腸菌感染症）が発生し、複数の国で数十人が亡くなった。ドイツのレストランで食べた食材との相関性が分析された結果、感染者はスペイン産のきゅうりやトマトを食べていたことが分かった。「スペイン産きゅうりが原因」と発表されたために輸出が禁止され、関係者の中から失業者が続出した。

ところが後に、スペイン産のきゅうりやトマトは感染症とは全く無関係であることが判明する。原因は完全には確定されていないが、一部ではドイツで栽培された、もやしの可能性があると発表された。もやし農家の規模が小さいために、相関性分析の際に原因の候補としては見落とされたためらしい。ちなみにドイツなどでは、もやしをサラダとして生で食べる習慣がある。

この事件は、相関性に基づいて間違った決定が下された典型的な例だ。きゅうりやトマトが、ビッグデータで陥りやすいミスの（4）間違った決定であり、もやしは陥りやすいミス（1）の漏れ、に相当する（図7.2）。

事例B：局所的な現象「ビールとおむつは一緒に売れる」

若いお父さんが、おむつを買いに行くと、照れ隠しかどうかは真偽不明だが、缶ビールも一緒に買っていく——。こんな「ビールとおむつの関係」を耳にした読者は少なくないだろう。十数年も前から、データマイニング（アプリオリアルゴリズム）の価値を示す例として頻繁に語られていた。参考までに、アプリオリ（a priori）はラテン語で、「より先のものから」という意味だ。経験的認識に先立つ自明的な認識や概念を指す。日本語では先験的や、先天的、超越的と訳されている。アプリオリアルゴリズムは、データ間に価値がある、

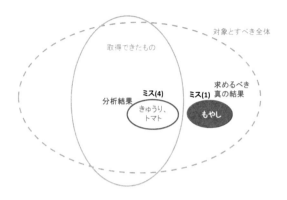

図 7.2　事例 A に見られる間違った決定と漏れの状況

つながりを見つけるための一連の手順である。この事例では、ビールとおむつの間に価値のあるつながりがあることを見いだしたということになる。

しかし最近になって分かったことだが、どうやらこの関係は、商品の組み合わせにインパクトがあったため広まっただけで、実際に地域を拡大して調査していくと、ごく限られた一部の地域にのみに起こった現象だったようだ。

これは、ビッグデータで陥りやすいミスの (3) 各種問題の領域である。局所的という課題点を内包していたわけだ（図 7.3）。

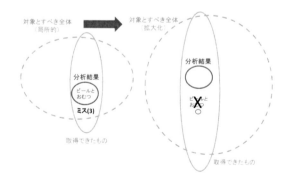

図 7.3　事例 B に見られる局所的な現象

各種問題として代表的なものは以下の通りである。

54　第 7 章　ビッグデータの取り組みで陥りやすい 4 つのミス

- コスト高
- 客観性がない
- コンプライアンス違反
- 経験に基づいていない
- 局所的な現象
- 客が望まないもの

事例C：確実に分析できていない「囲碁では人間はコンピューターに負けない」

　囲碁のプロ棋士と、世界最強とされるコンピューターの囲碁ソフトが対局する「囲碁電王戦」が2014年2月11日、東京で開かれた。結果は、プロ棋士が安定的な強さでコンピューターに圧勝した。

　しかも、正式な囲碁の碁盤（19×19）では、コンピューターソフトの実力が人間に追いついていないため、電脳戦では力の差が縮まるよう、碁盤の目の数を通常の4分の1以下である9×9しかない小さな碁盤が使われた。プロ棋士がミスする場面もあったが、コンピューターソフトは、チャンスを生かせなかったようだ。人間とコンピューターの対戦では、9×9の盤を使う将棋の電脳戦や、8×8の盤を使うチェスの世界では、いずれも既にソフトが人間に圧勝している。だからといって、「囲碁は将棋やチェスとは違う」「囲碁では人間はコンピューターには負けない」と、特別視するのは早計だろう。

　囲碁電脳戦でのコンピューターは、打つ手の意外性、つまり奇策で人間と戦っている。当然、棋士の側でも、コンピューターの打ち手を研究しており、奇策が通じなくもなっている。ただプロ棋士は、「コンピューターの打ち手を研究していたからこそ勝てた。小さい碁盤では、プロとコンピューターの力は、ほとんど互角だと思う」と話しているという。

　ここで大切なことは、19×19の碁盤では十分に分析されていないが、9×9の将棋盤や8×8のチェス盤では、コンピューターが既に打ち手を分析済みだということだ。囲碁の完全分析には、あと十数年はかかるとされている。これは、ビッグデータで陥りやすいミスの（2）確実に分析されていない領域である（図7.4）。

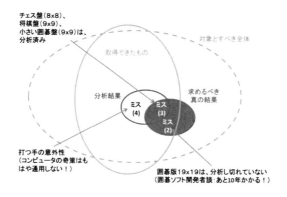

図 7.4　事例 C に見られる、確実に分析できていない状況

7.2　ビッグデータと GRC の間にある関係性

　ビッグデータの世界に GRC（Governance、Risk Management、Compliance）の観点を入れてみると、GRC の本質は信頼性であることが分かる（関連記事『第 21 章　グローバルな信頼性はアーキテクチャーを求める』）。

　そこでは、100 人分のランチボックスを発注した際に遭遇する問題を紹介した。届いたランチボックスが 1 個でも足りないと「完全性」がなく、中身のおかずが少なかったりすると「正確性」がないことになる。評判ほどでなかったり食後に気分が悪くなったりしたら「正当性」が疑われる。

　こうした GRC の考え方と、ビッグデータの分析に見られるミスの間には、図 7.5 のような関係性がある。

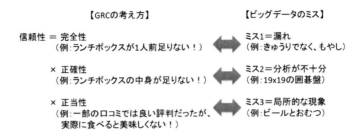

図 7.5 GRC の考え方とビッグデータのミスの間にある関係性

　ビッグデータで陥りやすいミスの（1）漏れがあることは、GRC の世界では「完全性」がないということを表す。ミス（2）の確実に分析できていないことは「正確性」がないことである。ミス（3）の各種問題が発生すれば「正当性」がないとなる（図 7.6）。

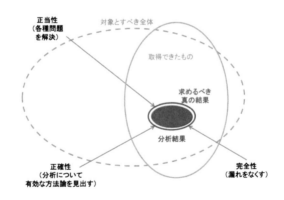

図 7.6　GRC の観点から見たビッグデータ分析

　ビッグデータの分析は、対象領域のタッピング範囲、簡単に言えば、全体に対し、どこまでデータを取得するかに依存している（図 7.1 の薄い実線に当たる）。分析結果の精度を高めるためには、GRC 的な観点が重要である。なぜなら、陥りやすいミス（4）の間違った決定を下す可能性が低くなるからだ。第 8 章では、ビッグデータの特長を考えてみよう。

7.2　ビッグデータと GRC の間にある関係性

第8章
ビッグデータで人は誰でも天才になれるか？

　第7章では、ビッグデータに取り組む目的を考えてみた。8章では、ビッグデータの役割について考えてみよう。

　天才と呼ばれる人々を歴史的に振り返ってみると、"突飛な発想"から業績を上げている。彼らの天才的な能力とは、「何の関連もない情報同士を突然くっつけること」だともいえる。

　「何の関連もないもの同士が突然くっつく」ことで、大なり小なりの発見をしたという経験は、誰にもあるのではないだろうか。筆者はインターネットの黎明期である1995年～1999年に、現在の総合EC（Electronic Commerce：電子商取引）サイトの前身であるショッピングモールサイトの中心メンバーだったことがある。

　そこでは、旅行雑誌社やレンタル鞄会社など数多くのテナントに加え、銀行やクレジットカード会社、広告代理店、物流会社、通信会社、印刷会社、さらには芸能プロダクションといった多彩な業種とも付き合った。「何の関連もない業界同士をくっつけた」結果、一企業とのビジネスでは得られない大きな発見があったことは事実だ。

　このように、多くの一般的な人間が天才に匹敵する能力を持てる可能性を秘めているのがビッグデータである。だからこそ、ビッグデータへの関心がこれほどまでに高まっているといえる。

8.1 価値が見出せなければ何の意味もない

「Big Data（ビッグデータ）」という言葉は 2007 年に登場し、2011 年 5 月に出たレポート『Big Data: The next frontier for innovation, competition, and productivity』で、本格的に注目されるようになった。ビッグデータを科学的に正確に定義するのは不可能だが、一般には以下の 3 つの「V」で定義されることが多いようだ。

- Volume（大量）：ファイルのサイズが、数ペタ（2 の 50 乗）バイトあるいは数テラ（2 の 40 乗）バイトより大きいこと。母集団そのものを分析するという意味もある

- Variety（多様性）：データが、多種多様であること。リレーショナルモデルをベースとしたデータベースに構造化されて格納されていない非構造化データを含む。文字列だけでなく、画像や音声、動画といったデータや、B2B（Business to Business：企業間）や B2B2C（Business to Business to Consumer：企業対企業対個人）の複雑な関係を記述したデータの場合は、サイズが大きくなくてもビッグデータになる

- Velocity（速度／鮮度）：データが更新または追加される頻度が非常に高いこと。処理時間が速くなり、扱い難いという意味で、大量データや非構造データでなくてもビッグデータになる

しかし、これら 3 つの「V」だけでは企業には何のメリットもない。データが単に多すぎて、何でも扱え、目まぐるしく変化するというだけでは、経営層が意思決定するうえでは、阻害要因になるだけだ。ユーザーが真に欲しているのは第 4 の V、すなわち「Value（価値）」である。

4 つの V を前提に、ビッグデータの最新状況をまとめると以下のようになる。

- Value：データが単体で大きな意味を持つ場合に、そのデータの価値が高いという。企業が今まで保存してきたデータは、価値が比較的高い

データだが、銀行の入出金データや、一般企業で発生する一時データなどは価値が低いデータだとみられてきた。今後大切になるのは、他のデータと比較しなければ意味が理解し難いような価値が低いデータ同士を結び付け、価値を高めることである。

- Volume：スマートフォンやインターネット、クラウド、センサーなどの普及と、記憶媒体の低価格化により、データは日々大容量化が進んでいる。インターネットに接続されている機器は現在、100億台以上あり、1日に2〜3エクサ（2の60乗）バイトのデータを創出している。世界中のデジタルデータの容量は現時点で2〜3ゼッタ（2の70乗）バイトだと言われる。1企業が扱うデータ量は、数十テラ（2の40乗）バイトで、すべてを文字で埋めた40ページ建ての新聞、1000万部以上に相当する。日本企業だけでもデータの蓄積量は全体で約10エクサ（2の60乗）バイトになるとされている。

- Variety：構造化データと、非構造データ（画像、動画、時系列、空間など）、混合データなどすべてのデータが対象になる。世の中のデータの約80〜90％は非構造データである。

- Velocity：データ処理のリアルタイム性や更新頻度が関連する。アプリケーションやデータベースの世界でもミリ（10のマイナス3乗）秒、マイクロ（10のマイナス6乗）秒、そしてナノ（10のマイナス9乗）秒の世界に入りつつある。ここまで速くなると、ネット上の小売りサイトや金融サイトなどは、ユーザーごとに差異化が可能になり、得意先に対して取引の優先性を高められる。ユーザー属性に応じてUX（User Experience）を変えることも容易になる。

8.2　モデル化による「全体の95％」は信用できるか？

ビッグデータ以前のデータに対するアプローチはモデル化だった。サンプリングを前提とした、伝統的な統計学の範ちゅうである。モデル化は、少量の

データから全体像を把握するのが目的であり、平均値周辺のバラつきがテーマだ。平均から標準偏差2個分の範囲に、全体の約95%が含まれる。

モデル化で見てきたのは、正規分布（normal probability distribution）の平均値の周りにある約95%の領域だ（図8.1の1）。ビジネスの観点から見れば"手堅い"エリアである。誤差である5％を省いた95％を対象にしたビジネスでは、全商品のうち売れ筋上位の約20％の商品群が全売上高の約80％を占める。これが「パレートの法則」だ。

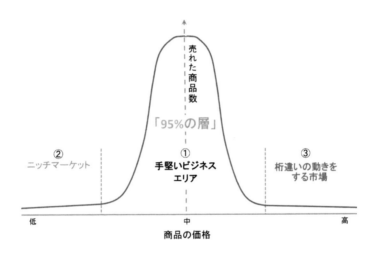

図8.1　手堅いビジネスは正規分布の95％を対象にしている

ただ、1994年に米Amazonが創業してからは、正規分布の左側にある領域が注目を集めはじめる（図8.1の2）。年に1〜2本しか売れないような商品でも、商品数が多くなればそれなりの売上高になる。いわゆる「ロングテールの法則」だ。ただビジネスとしてはニッチではある。

このように見てくると、忘れられているエリアの存在に気づくはずだ。正規分布の右側にある誤差の領域である（図8.1の3）。ここは、ビジネスでいうと桁違いの動きをするエリアである。例えば、日本の国債の95％は日本人が保有しているにもかかわらず、外国人が持つ残り5％の動きで金利が変動するなどだ。外国為替でも変動幅が大きな5％の値だけをつなぐと全体像に近づいて

いく。

　桁違いの動きを分析したのが、「ベキ分布（power law probability distribution）」である。従来は、あまりにも掴み難く扱い難いエリアのため、あえて誤差として処理されてきた。

　しかし最近は、国債や為替の例にみられるように、ビッグデータやクラウドの時代には、これまで信頼が置けると考えられていた95％のエリアよりも、むしろその95％を無視し残りの5％のみをとらえたほうが全体像は分かると言っても過言ではなくなってきた。日本市場では既に正規分布が壊れ、売れ筋は安い物と高い物（図8.1の2と3）に2極化していることは、読者自身が経験されていることだろう。

　こうしたモデル化の盲点を補うのがビッグデータだ。母集団である全データを分析対象にする。当面の目標は、本格的な"1 on 1"のシステム（1 on 1マーケティングや1 on 1社会など）に結び付けることにある。故に、現状のビッグデータはマイノリティの検出に偏りがちで、ロングテールのあぶり出しと密接な関係にある。

　今の時代に求められているのは「グローバル化」であり「変革」だ。いずれも従前の概念を壊し新しいものを創出することである。クラウドでビッグデータを集められたとしても、これまでは、商品でも人材でも、何でも誤差を省いた正規分布の平均周辺にある95％の領域を分析してきた。今後は、正規分布の右側の領域に入るようなデータをいかに見つけ、そこにどう対処するかが問われる。

　同領域のデータを見つけ出せなければ、右側の情報をいかに創り出すかが勝負の鍵を握る。正規分布の左側のデータ群を探索的手法で試行錯誤しながら分析し、「何の関連もないデータ同士を突然くっつける」ことで価値ある情報を創出する。これが実は正規分布の右側に当たる情報への反転になる。

8.3　データ活用プロセスで重要な「分類・分析・分別・分掌」

　データは、動的データと静的データに大きく分かれる。動的データは、膨大で参照が中心だ。ログファイル、検索入力データ、時系列データなどが相当す

る。静的データは、企業内を中心に構造化され、更新されながら保存されてきた。顧客情報や売上高、在庫数などデータベースの形を取ることが多い。本来、1つひとつのデータ（Data）は、ほとんど価値がない。だが、それらを統合・分類・分析・活用することで、価値のある情報（Information）になる。散らばったデータを統合した後に分類し、分類されたデータを分析して活用するわけだ。

　一般に、データを統合／分類する人は「分類官」と呼ばれる。「分析官」がデータを分析する職種である。分類や分析の段階で重要なのは、重複や抜けがないようにすることだ。これを「MECE（Mutually Exclusive、Collectively Exhaustive：重複なく漏れなく。ミーシー）」という。

　分類は大きな類（カテゴリー）に分けることだ。分析は、語源の通り、分けたもの（木）を斧で切り刻んでいくイメージである。その際に、縦・横・斜め自由な角度で切る（図8.2）。大きな類に分ける基準や、自由な角度で切る基準をクライテリアと言う。

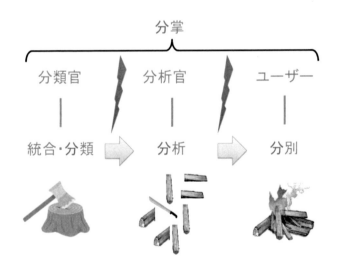

図 8.2　データ活用プロセスにおける分類・分析・分別・分掌

　分析官が出した結果は、利用者が分別（ふんべつ）して活用する。その際は、

以下のアクションを取る。

- アクション1：結果を捨てる、あるいは再利用するなど分別する
- アクション2：結果をナレッジ（Knowledge）として共有する
- アクション3：結果を加工・強調することで独自の知恵（Wisdom）にする

　統合・分類・分析・活用というプロセスを経てデータは、情報、ナレッジ、知恵へと変化する。このプロセスは、それぞれの頭文字を取って「DIKW（Data, Information, Knowledge, Wisdom）」と呼ぶ。Data、Information、Intelligenceとして「DII」と名付けても良いかもしれない。さらに、変革や競合対策、生産性の観点からみれば、ビッグデータは「CI（Competitive Intelligence）」というとらえ方もできる。

　DIKW／DII／CIで大切なのは、分類官と分析官、そして利用者のそれぞれが、「分掌（仕事を手分けして受け持つこと）」を守ることだ。分類官がITツールを駆使し、分析官は細かなクライテリア（分析の切り口）を何度も設定することでデータ間の関係性を深く分析する。各人が分掌を守ることで、それぞれの専門性によりGRC（Governance、Risk Management、Compliance）の観点での信頼性を付与できる。

8.4 システムの変化に伴いデータ分析も変化

最後にデータ分析の歴史を振り返ってみたい。コンピューターの世代は、その誕生から現在までに4つの時期に分けられる（図8.3）。

世代	システムの主流
第1次（1965年〜）	汎用コンピューターによる集中処理（事務の効率化、危機管理）
第2次（1985年〜）	PCの登場による分散化
1990年〜	クライアント／サーバーコンピューティング
第3次（1995年〜）	インターネットによるネット産業革命
1995年〜	インターネット黎明期：ポータルサイト
2000年〜	Webコンピューティング：検索
2004年〜	Web2.0：検索連動型
2008年〜	リアルタイムWeb／SNS
第4次（2010年〜）	クラウドコンピューティングによる社会変革（戦略リスクへの対応、リスク管理）

図 8.3　ITの4つの世代

- 第1次（1965年〜）：汎用コンピューターによる集中化
- 第2次（1985年〜）：PC登場による分散化
- 第3次（1995年〜）：インターネットによるネット産業革命
- 第4次（2010年〜）：クラウドコンピューティングによる社会変革

各世代における、通信販売や小売りなどのマーケティング分野におけるデータ分析は、以下のように変遷してきた。

- 第1次：商品購入時に得られた顧客属性データ（住所、年代、性別、電話番号）を分析
- 第2次：商品の購入履歴データを利用して購買行動を分析
- 第3次：顧客属性データの分析や購買行動の分析をインターネット上で実施

- 第4次：インターネットやクラウドで取得できる顧客情報とネット上のサイト内の行動を分析

　第1次は、「人口統計的区分」であり、第2次〜第4次は、「行動的区分」である。第2次と第3次は、要求（デマンド）の1つである購買行動に基づくデマンドドリブン型だ。第2次と第3次の違いは、リアルな世界かインターネットかである。

　これに対し第4次は、明確な要求はないユーザーの動き、要はイベントに従うイベントドリブン型である。デマンドドリブン型では、ユーザーの購入要望が明確に顕在化し、イベントドリブン型では、明確な要求のない潜在的なユーザーに働きかけることになる（関連記事『IT部門は作るべきシステムが変革したことを認識せよ』- IT Leaders）。

　ちなみに冒頭で、筆者がかつてショッピングモールの構築／運営に関与したと記したが、そのモールでは顧客属性データとして、生年月日ではなく20歳代・30歳代という年代を取得した。結果、更新には大変に苦労した。データを取り始めるのは容易だが、中途半端に設定すると長い目でみれば逆効果であった事例である。9章は手法について考えてみたい。ビジネスの観点で見た正規分布をデータの価値に当てはめて、データのポートフォリオにも言及する。

第9章
ビッグデータの分類は処理プロセスによって変化する

8章では、ビッグデータの役割について考えてみた。9章では、ビッグデータの処理プロセスとデータの分類を考えてみよう。

筆者のIT業界での原点はプログラマーでありシステム設計者である。システムを設計する際には、「HIPO」という表現方法を使ってきた。

HIPOとは、「Hierarchy（体系化）」「Input（入力要素）」「Process（処理）」「Output（出力項目）」の頭文字を並べたものだ。すなわち、プログラミングしたい内容を、階層構造で体系化した後に、入力要素を定義し、処理を記述する。そして、何を出力するかを決める。

このHIPOの考え方は、ビッグデータの表現方法にも十分に適用できる。

- H：体系化＝データを統合し分類する
- I：収集された要素の抽出＝クライテリア設定を変えて何度も繰り返す
- P：要素間の関係性分析＝集合・因果・位置という「関係」と、展開・手順・循環という「動き」の観点で分析する
- O：分析結果の加工＝分析結果から意外性や具体性を見出し、メッセージとして簡潔性・感性を付加する

つまり、ITツールから見たビッグデータの処理は、データの収集、保存、分析の3つのプロセスからなっている。

8章では、データについて、以下のように説明した。

「データは、動的データと静的データに大きく分かれる。動的データは、膨

大で参照が中心だ。ログファイル、検索入力データ、時系列データなどが相当する。静的データは、企業内を中心に構造化され、更新されながら保存されてきた。顧客情報や売上高、在庫数などデータベースの形を取ることが多い」

　この分類は、データの収集への影響が大きい"流れ"に着目したものだ。例えば、動的データは流れが多い「川」を、静的データは流れが少ない「池や湖」を、それぞれイメージすれば分かり易いだろう。

　データの収集では、従来の企業内情報に加えて、企業外、つまりインターネットやクラウドから得られる情報も関連する。企業内でも、これまでは捨てていたデータや、技術的な問題などから取得できなかったデータも分析対象にできる時代が訪れている。発生するデータの量は、動的データが圧倒的に多い（図9.1の下側）。後述するように、これからのビッグデータ活用では、これら動的データの分析が重要になってくる。

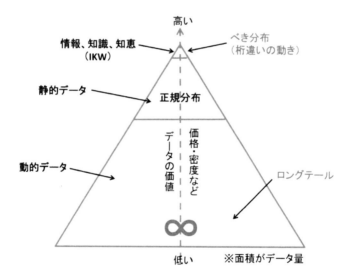

図 9.1　発生するデータのポートフォリオ

9.1 構造化／非構造化はデータ保存の視点からの議論

第2のプロセスであるデータの保存では、RDB（Relational Database）やKVS（Key-Value Store）、Hadoopといったデータの形式が重要だ。この分野で種々の議論がされ、製品化競争も激しくなっている。インメモリー技術の進化により、いかに高速に対応するか、あるいは、いかに安く保存するかの2極化の時代を迎えている。

データの形式からみれば、データは、（1）構造化データ、（2）非構造化／半構造化データ、（3）時系列データの3種類に分けられる。構造化データとは、RDBやXML（eXtensible Markup Language）などのデータだ。非構造化／半構造化データは、テキストや画像、音声、動画など完全には形が決まっていないデータである。

昨今、データが構造化されているのか、あるいは非構造なのかが、よく議論されている。現時点では、動的データは非構造化データや半構造化データが大勢を占め、静的データは構造化データが中心である。

時系列データは、GPS（Global Positioning System：全地球測位システム）やIoT（Internet of Things：モノのインターネット）、ウェアラブルデバイスなどで取得される、切れ目がないデータである。時間や場所の"変化"が重要な意味を持つ。将来は、日々移り変わっている人の嗜好や感情といったデータも、この範疇に入るだろう。

9.2　形式が異なるデータをどう組み合わせるかが課題に

データは既に、世界で2～3ゼッタ（2の70乗）バイトも存在するとされる。そのデータの価値や、有意さ、価格、言い換えれば、いかに役立っているかに着目して見てみると、データも正規分布になる（図9.2）。中央部分が、この50年間、ITが扱ってきたデータである（図9.2の1）。多くは、データベース化され、ビジネスの95％を支えてきた。

正規分布の左側は、これまでは価値を見いだせず、扱ってこなかったデー

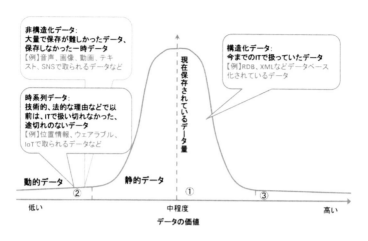

図 9.2　ビジネスに有意なデータのポートフォリオ

タだ。一時ファイルや、インターネット上の検索キーワードや SNS（Social Networking Service）の投稿データなどが相当する（図 9.2 の 2）。

これに対し、正規分布の右側が、価値ある情報やナレッジだ（図 9.2 の 3）。「IKW（Information、Knowledge、Wisdom：情報、ナレッジ、知恵）」と呼ぶ。だが現状は、ここをなかなか見いだせていない。

データを IKW に変えるには、従来の構造化／非構造化データに加えて、技術的な理由や法規制の問題から扱ってこなかった時系列データ（通常の人の動きや震災時の動きなど）も分析する必要がある。単独では価値が低いデータを複数組み合わせることで情報にし、それをナレッジや知恵に変えていく。

従来のデータ分析の中心だった BI（Business Intelligence）の世界では、企業内に溜まった構造化データ、つまり、静的データが分析対象だった。ただ、多くの分析結果は、経営陣の期待には応えられなかった。皮肉なことに、担当者が失敗した結果に対する言い訳として BI が利用されたケースも少なくなかった。

BI に対して最近は、BA（Business Analytics）や DA（Data Analytics）といった呼び方が増えている。この背景には、静的データだけでなく、動的データも加味して分析することで新しいもの、具体的には経営陣の期待に応えられる結果を導き出せるようにするという狙いがある。

すなわち、これまで扱わなかったデータを分析することで、新しい気付きを得たいわけだ。8章 ビッグデータで人は誰でも天才になれるか？で「モデル化による『全体の95％』は信用できるか？」と指摘したように、残りの5％、正規分布の右側のデータ（図9.2の3）をどう見つけていくかが問われている。

9.3 コンピューターによるデータ分析の歴史は始まったばかり

そして第3のプロセスであるデータの分析こそが、ビッグデータの最重要課題だ。"データの科学"とまでいわれた統計学が注目されるのは17世紀以降で、19世紀に確率論の形で表舞台に出てくる。コンピューターが利用されるようになったのは、20世紀からだから、分析の歴史の中では、コンピューターを使った分析は、まだまだ日が浅い取り組みなのである。

科学的な分析手法からみたデータの分類方法に、有限データと無限データがある（図9.3）。

図9.3 ビッグデータに対する2つの分析手法と対象データ

有限データは、検証的手法（統計仮説検定やベイズ推定など）で統計的な意味や事象、その妥当性を証明するためのデータである。数が限られており、特定的なデータだ。ベイズ推定は、米 Amazon.com などの通信販売事業者やクラウド事業者が採用している手法として有名である。
　検証的手法は、以下のステップを踏む。科学者が一般的に採用している方法だ。

1. 仮説を立てる
2. ルール・方法論を決める
3. 観察しながらデータを取る
4. 解析する
5. 知見を得る

　コンピューターのアプリケーションでも同じことである。ロジックを決めてシステムを作る。それからデータを取る。50 年近く、この手法でアプリケーションを作りデータを保存してきた。IT の世界では、これをデマンドドリブン型と言う。
　例えば、一般の小売店では、店に来た客が店員に話しかければ、その客が商品を購入する確率は上がる。小売店にすれば、いかに店員に話しかけやすい雰囲気を作るかがテーマになる。逆に、店員が客に話しかけると、購入確率は下がる。店側は、話しかけられるまで待つほうが良いのかもしれない。
　ここから、「ネット上では、客が検索した結果に基づいて案内メールを送れば購入する確率が上がる」と恣意的な設定が考えられる。これは条件付き確率とも呼ばれる。ここで、ベイズ推定を駆使してメールなどで客に積極的な提案をする。
　Amazon.com の売り上げの 35％ は、このベイズ推定などで勧めた商品から得られている。お薦め商品を表示するための協調フィルタリングアルゴリズムを開発し、自動化されたメール作成・配信機能を持つ顧客サービスシステムを構築している。データによって得られる優位性を得るために、同社の IT 投資額は競合企業の 5 倍にもなっている。
　つまり Amazon.com は、単なるロングテール（正規分布の左側、図 9.2 の 2）の事業者ではなく、ベイズ推定により、正規分布の右側（図 9.2 の 3）の情

報を自らが創り出す事業者だと考えられる。

9.4　検証的手法とは180度考え方が異なる探索的手法

　一方の無限データは、探索的手法で未知の情報を見つけ出すためのデータだ。対象データは不特定で無限である。どんなデータも関与するという意味で、「Any Data（エニーデータ）」と呼ばれることもある。

　探索的手法は、有限データを対象にした検証的手法とは、流れが180度違う。

1. データを大量・多量に集める
2. 暫定的なルールを決める
3. 何が分かるか試行錯誤する
4. 予想外の結果を得る
5. 新しい方法論を考える

　まずデータが大量・多量に存在することが前提だ。非構造データは大量で、切れ目のない時系列データは多量という言い方が、的を射ているかもしれない。これらのデータに対して暫定的な方法論で対応し、試行錯誤しながら新しい方法論を考えていく。コンピューターの世界では、これをイベントドリブン型と言う（関連記事『IT部門は作るべきシステムが変革したことを認識せよ』-IT Leaders）。

　ビッグデータで使えそうな分析アルゴリズムには、8章で述べたビッグデータの特長であるVolume、Variety、Velocityの各観点から、それぞれに適した統計学の手法が存在する。手法自体の詳細は別に譲るが、概要は知っておいたほうが良いだろう。

- Volume（大量）：大量のビッグデータを分類する過程では、それを少数の群に分ける手法が向いている。サンプリング手法、クラスター分析などが該当する。
- Variety（多様性）：多様性のあるビッグデータには、データ属性に応じた方法が開発されている。テキスト型データ解析や、シンボリックデー

タ（量質混在データ）解析などである。

- Velocity（速度／鮮度）：速度、つまり、短い時間でデータが記録される場合は、高頻度データ解析などが参考になる。鮮度、言い換えると、更新頻度の観点からは、増分・変化したデータのみを使って結果を補正する手法がある。

このような分析アルゴリズムを採用したビッグデータ関連製品やクラウドサービスが今後、次々と登場することだろう。それをさらに、進化した人工知能が支援するようになる。ビッグデータに対峙する我々は、コンピューターで処理することと、人間にしかできないことの境界を見極めていかねばならない。

そのためには、活用シナリオやビッグデータの可能性を十分に理解できなければならない。10章では、こうした観点からビッグデータを詳しく見てみよう。

第10章
ビッグデータで成功する7つのパターン

　9章では、ビッグデータの処理プロセスとデータの分類を考えてみた。10章では、ビッグデータが経営にインパクトを与える要件について、事例を参照しながら考えてみよう。

　新聞やテレビといったマスメディアでも、ビッグデータというキーワードを冠したがついた記事や番組が増えている。「選挙ビッグデータ」「震災ビッグデータ」「医療ビッグデータ」などである。それほど、ビッグデータへの関心が高まっているとも言えれば、実際にどう利用すれば良いのかがまだまだ不透明なのが現状だとも言える。

10.1 新たな発見だけがビッグデータの価値ではない

　ビッグデータを使って我々は何を把握したいか？答えの1つは、「ビジネスに貢献するものは何か」である。もう1つの答えは、「予期せぬことを事前に知る」ことだ。そのためビッグデータには、"何か新しい発見"を期待する向きが強い。
　だが、例え新たな発見がなくても、これまでは"現場感覚"でしか分からなかったアナログ情報が、デジタルデータとして可視化されるだけでも大きな価値があることの理解が重要だ。可視化による新しい"気付き"から、新たな対策につながる可能性が十分にあるためである。

特に「ビジネスに貢献するもの」においては、いきなり大ヒットを当てることは難しい。可視化を含め小さなヒットを狙うことになる。一方、「事前予測」では、可視化が大きな意味を持つ。インシデント（現在起こっていること）を的確に把握し、流れの変化を予測し、そして異変を予見することでトラブルを未然に防ぐのだ（図10.1）。

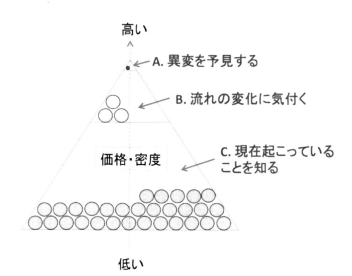

図10.1　ビッグデータ活用では、現在起こっていることの可視化にも大きな意味がある

上記の観点から、ビッグデータの事例をみてみると、成功事例にはいくつかのパターンが見えてくる。筆者が抽出したパターン、すなわち成功のための要件は次の7つである。

- パターン1：センサーを付けることで得られるデータはすべて取得する
- パターン2：仮説を検証する千載一遇の時期を見逃さない
- パターン3：ビギナーズラックを侮らない
- パターン4：成功する法則を探す
- パターン5：今までの常識を捨てる
- パターン6：現場感覚を可視化する

- パターン7：動きをモニタリングする

以下では、各パターンに該当する事例をデータの視点を加味して見ていくことにする。

●パターン1の事例：センサーデータはすべて取得する米ケンタッキー州ルイスビル市

　喘息患者にとって苦手なアレルギー物質を突き止めるための実証実験を添加しているのが米国ケンタッキー州のルイスビル市である。吸入器にセンサーを付けることで、患者が吸入ボタンを押す際に、位置情報と時間情報をスマートフォンに取り込み収集する。

　扱っているのは、動的情報の1つである時系列データだ。吸入器の利用という時系列データと、地図情報という非構造化データと重ね合わせることで、喘息患者が、どこで発作を起こしたかを把握し、アレルギー物質の特定に利用する。

　構造化データ群を分析するだけでは新しい気付きは少ない。時系列や非構造化、といったデータを組み合わせることで価値が出てくる。データを可能な限りすべてを取得することで分かることがあるからだ。

　大事故・大事件の周りには、29件の小さな事故・事件があり、その周りには300件のヒヤリ・ハットがあるとされる。ハインリッヒの法則と言われるものだ。ビジネスで成功するには、The 50-50-90 Rule がある（図10.2）。

　センサーでデータを取得する事例としては、病院での転落事故対策のために、入院患者のベッドに人感センサーを付けて時系列データを取得したり、ミカンの木にID番号をつけて気温・土壌の湿度などを自動計測しながら、成長記録を時系列データとして管理したりという実証実験などがある。センサーデータの取得は、これまでIT化が最も遅れていた分野での取り組みを飛躍的に変える可能性も秘めている。

●パターン2の事例：仮説検証する千載一遇の時期を見逃さないビューカード

　せっかく良い分析をしても、それを検証する時期を間違えると正当性を得ることができない。JR東日本傘下のクレジットカード会社であるビューカード

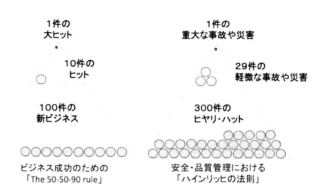

図10.2　ビジネスへの影響を強めるには、センサーで全データを取得することが有効になる

では、顧客への新しい提案内容を新年度が始まるタイミングに投入し、2014年3月には過去最高となる8万人の新規入会申し込みを獲得した。

2014年3月といえば、同年4月からの消費税増を控え、定期券売り場が混み合った時期だ。そのタイミングにビューカードが提案したのが、「電子定期券／電子マネーの『Suica』にクレジットカード機能を付ける」というものである。

従来、ビューカードでは、「クレジットカードに電子乗車券／電子マネーのSuica機能を付ける」ことを提案してきた。つまり、あくまでもクレジットカードが主役の位置づけだ。これを440万人の明細ビッグデータの分析結果から、Suicaが主役の提案に切り替えたのだ。

消費税増と、新入社員や新入生などが動き出す4月という絶妙のタイミングを逃さずに、ビッグデータ分析で得られた結果を試すことは不可欠であろう。

● パターン3の事例：ビギナーズラックを侮らない金融アナリストなどによる他業種のデータ分析

賭け事やビジネスではビギナーズラックが大切なことはある。とはいえ、全くの素人という意味ではない。ある分野で、それ相応の結果を残した専門家が他分野でも活躍できるという意味だ。

その1例が、金融のアナリストによる医療患者のデータ分析である。血液中の酸素量や心拍数、肝機能といった数値データなどの動きから患者の感染症予

防に応用しているという。

　金融の世界では、膨大なデータ分析によって、今後の為替レートや将来の株価、企業の業績を予測している。為替の黄金比率とも言える黄金分割があることは知られており、グラフには、ある法則が現れる。その規則性をどう読み取るかが重要なため、金融アナリストは、為替・株価・企業業績などのグラフに精通している。この見識を医療分野に適用したわけである。

●パターン 4 の事例：成功する法則を探すこと 2012 年の米大統領選
　2012 年に実施された米大統領選では、オバマ氏がロムニー候補に圧勝した。オバマ陣営が、2008 年の選挙で集めた民主党支持者リストを 18 カ月かけて統合。SNS（Social Network Service）などの多様なデータと掛け合わせて、詳細に分析することで、支持者の心を効果的につかむ選挙運動に活用した結果だとされている。

　類似事例として、過去の映画から売れる要素を見つけ出し、脚本を評価するシステムがある。過去の映画の筋を無数の要素に分解し、興行成績と組み合わせることで、新しい脚本の興行成績を予測する。このプログラムで使われている技術が、ニューラルネットワークだ。

　ヒット指数計算システムもある。公開されている小説に対する SNS でのコメントなどを元に、映画化した際にヒットする可能性を分析するための仕組みだ。今後は、ヒット指数が 50% 以下の場合は、51% 以上になるように小説の表現やシナリオを変えるということも可能になるだろう。

　これら事例のように、色々な分野でデータを分析する過程において、それに見合った"成功するための法則"を探し出さねばならない。

　例えば、商品や会社にすれば、まずは名付けが重要である。名前は、意味と、その音から派生する人間の潜在的なイメージから成り立っており、良いイメージの名前は、イメージが活性化するという「プライミング効果」があるためだ。

　実際、商品名や社名の決定／変更にビッグデータを活用できる時代になっている。感性情報処理という技術を使えば、名前から人間が受けるイメージをビッグデータから導出できる。筆者はこれを「言葉のビッグデータ」と呼んでいる。

●パターン5の事例：今までの常識を捨てるダイドードリンコ

　自動販売機のディスプレイにおける"一等地"はどこか——。これを探り出すために、清涼飲料メーカーのダイドードリンコは、アイトラッキング（眼球追跡）技術を使って、消費者が自販機のどの部分を見ているのかを分析している。

　従来、自販機における商品陳列の常識は、「一等地は向かって左上」というものだ。いわゆる「Z理論」である。人の目は、まず左上を見て、それから右に流れ「Z」の形を描くように視線が動くというものだ（図10.3）。

図 10.3　自動販売機の商品地列における常識だった「Z 理論」がデータにより覆された

　ところが実際には、左上は案外見られておらず、悪い場所だと思われていた下側がよく見られていた。Z理論という"常識"はすでに崩壊しているのかもしれない。

　自販機の中の商品が、すべて同じメーカーの製品なら、どれが売れても良い

80　第 10 章　ビッグデータで成功する7つのパターン

ため陳列順の分析は不要かもしれない。しかし、配置が全体の売り上げに影響するならば意味がある。商品ごとにオーナーが違う場合は、なおさら重要になる。

　従来の常識を捨ててビッグデータを駆使している別の例に、ローン利用者の信用査定がある。これまでの職業や勤続年数、年収などを元に査定するのではなく、従来と異なるデータから個人の返済意志を分析するようになってきている。

　交通量などに応じて自動車専用道路などの利用料金を変動させる事例も出ている。天候や交通量をセンサーでリアルタイムに把握し、解析する。結果、渋滞が緩和され、利用者の利便性向上と有料道路の収益性の向上を両立させる。利用料金の変動の考え方も、これまでの常識を打ち破っている例と言える。

●パターン6の事例：現場感覚を可視化すること JR東日本ウォータービジネス

　JR東日本グループで飲料事業を手がけるJR東日本ウォータービジネスは、購買行動をリアルタイムに集計し、得られたデータの解析結果を商品開発に利用して成果を上げている。具体的には、午後になると女性や高齢者が小さなサイズのペットボトルを購入することが分かったので、サイズを小さくした商品の種類を1.5倍に増やすことで、売り上げが10％伸びたという。

　午後になれば「半日分で良いのだから容量が少ないペットボトルが売れそうだ」ということは、誰でも考えつくかもしれない。しかし重要なのは、そうした現場感覚をデジタル情報で可視化することだ。あいまいな表現で「よく売れる！」と言っても説得力がない。現場感覚をデータを使って可視化できれば、具体的な対策を取りやすくなる。

●パターン7の事例：動きをモニタリングすること 米ニューヨーク市警察など

　米ニューヨーク市警察の「リアルタイム犯罪センター」や米シカゴ市警察などでは、犯罪の操作や予防にビッグデータを活用している。センターに常駐している支援スタッフが、現場で収集した情報を分析して容疑者の人物像や行動パターンをあぶり出し、現場の警察官に提供する。

　かつては紙の書類をめくって情報を探し出していた。それが今では、現場の

警察官に必要な情報だけがすぐに届くため、犯罪捜査の効率化が図れているという。犯罪予防では、大リーグの試合結果を加味した分析から、犯罪が起こりやすい場所を予測し、事件が起こる前に警察官を配備できたという報告もある。モニタリングにより不正を予見したわけだ。

不正については、犯罪倫理学者のドナルド・クレッシ氏が提唱した「不正のトライアングル」という考え方がある。端的に言えば、「欲望と正当化と機会の3つがそろえば、誰でも不正を起こし得る」というものだ。これを防ぐには、3条件から「機会」を取り除くためのモニタリングが大切である。

最近は、社員が機密情報を持ち出すのを防ぐために、メールをモニタリングする企業が増えつつある。企業の重要情報が漏れると競争力が削がれていくだけに、モニタリングはもはや他人事ではなくなっている。

ちなみに、日本にも営業秘密侵害罪という法律があるが、いまだ実刑に処された事例がない。ただ2015年以降は、欧米のように刑罰が厳格化されていく流れが強まってきた。

モニタリングは不正対策としてだけでなく、契約している顧客の離反対策や、社員が退職する気配を察知するためにも利用され始めている。買い物客の動作をデジタル化するため、商品陳列棚にモーションセンサーを設置する小売店の事例も登場している。

10.2　PDCAに代わってOODAのプロセスが重要に

ここまで紹介したいずれの成功例においても、ビッグデータを活用するためのステップは以下のように、ほぼ共通だ。

- ステップ1：何が起きたか把握する＝過去の事象
- ステップ2：どこで、どの規模、どの程度の頻度で起きたかを知る＝事象の特性
- ステップ3：現時点への影響を理解する＝現状の詳細
- ステップ4：類似なことが近い将来起こった際に何をするかを考える＝暫定対策

- ステップ5：なぜ起きたのかを検証する＝因果関係
- ステップ6：継続してモニタリングしリアルタイムにデータを得る＝継続的モニタリング
- ステップ7：未来を予測する＝モデリング
- ステップ8：より見合った対策を考える＝改善

従来のビジネスでは、PDCA（Plan、Do、Check and Act）を回すのが基本とされてきた。データの意味が、ある程度分かっている場合に有効な方策だ。BI（Business Intelligence）の世界では、上記ステップの1〜5が該当する。各ステップでは、以下の（a）〜（e）が必要になる。

- Plan（計画）段階で役立つもの
    (a) 過去の事象レポート
    (b) 事象の特性レポート
    (c) 現状の詳細レポート
- Do（実行）段階で役立つもの
    (d) 暫定対策が出来るようなアラート
- Check（評価）段階で役立つもの
    (e) 因果関係を検証する統計分析

PDCAあるいはBIでは、静的データの分析が中心になる。ちょうど、池や湖に溜まっている水を分析するようなものである。しかし、ビッグデータやクラウドといった高度なデジタル化が複雑に進んだ現状では、最適な分析方法を見つけること自体が容易ではない。そこでは、PDCAサイクルだけでは限界がある。

これに対し、BA（Business Analytics）では、従来の統計分析に続いて、未知のことを知らなければならない。上記ステップの6〜8も含まれる。静的データに加えて動的データも分析する。同じようにたとえると、池や湖だけでなく、繋がっている川の水も一緒に分析しなければならない。

その際に有効なのが、「OODA（Observe、Orient、Decide and Act）」のプロセスだ。OODAは元々、戦争時に指揮官が採るべき意思決定プロセスを理論化／体系化したものである。OODAの手法では洞察を基盤に、より最適な

解を求められるため、過去のデータだけでは計画できないことにも"臨機応変"に対応できるようになる（図10.4）。

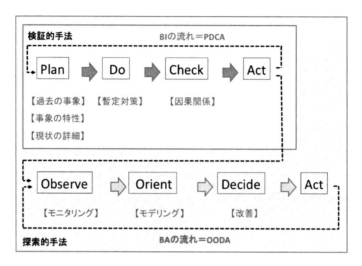

図10.4　ビッグデータ活用では、「PDCA」サイクルに加え「OODA」のサイクルが必要になる

OODAのステップでは、以下の（f）〜（h）も必要になる。

- Observe（監視）段階で役立つもの
  （f）実際の大量・多量データと暫定対策を照らしあわせる継続的モニタリングの仕組み
- Orient（情勢判断）段階で役立つもの
  （g）未来を予見するモデリング手法
- Decide（意思決定）段階で役立つもの
  （h）改善に繋がる方法論や考え方

加えて、ビッグデータをうまく活用するには、単独ではなく複数の情報源からデータを収集し、成果を予測し、最適化するモデルを構築する必要がある。そのためには、そのプロセスを実行できる強い組織へと変革しなければならない。

なお、ビッグデータで扱うデジタルデータが3種類あることは、9章で述べた。再掲しておくと、(1) 企業内の構造化データ、(2) 企業外の非構造化データ（つぶやき、検索入力ワード、動画、音声、画像、地図情報など）、(3) 時系列データ（位置情報、時間情報、個人嗜好など）である。

　10章では、ビッグデータ活用の成功パターンを見てきた。11章では、課題点を考えてみる。成功事例同様に、課題点を事前に知ることが実践的な活動では役立つためである。

第11章
ビッグデータを取り巻く想定外の7つの課題

　第10章では、ビッグデータが経営にインパクトを与える要件について、事例を参照しながら考えてみた。11章では逆に、ビッグデータ活用には"想定外"の課題が潜んでいることを指摘したい。

　ビッグデータを使い、何を把握したいのか——。その答えの1つが「ビジネスに貢献するものは何か」であり、もう1つが「予期せぬことを事前に知る」ことだと、第10章　ビッグデータで成功する7つのパターンで指摘した。
　これら2つの答えを知りたいがために、多くの企業や組織が今、ビッグデータ活用に取り組んでいる。だが皮肉にも、ビッグデータを使おうとすると"想定外の課題"が浮かんでくるのが現実だ。
　いかにリスクを管理するかなのだが、これまでリスクだと認識していなかったことが、何の前触れもなく突然現れる可能性が少なくない。従来のように、"無防備な"やり方でビッグデータに取り組んでは必ず失敗してしまう。
　課題を意識できれば、成功への道は近くなるはずだ。では、どんな課題があるのか。以下では、ビッグデータに取り組むうえでの7つの課題を紹介する。

11.1 課題1：タッピング（Tapping：データ抽出）により結果は180度変わる

　ビッグデータでは、意図的に情報を操作・誘導することが可能である。驚かれるかもしれないが、手元にあるデータの、どこを対象にするか、つまりタッピング（Tapping）によって取得したデータによっては全く異なる結果が導出できる（図11.1）。

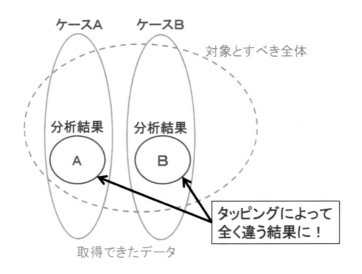

図11.1　タッピング（Tapping）の功罪

　例えば、携帯電話会社は電波のつながりやすさを競い合っている。1社は地域Aのデータに基づき、「つながりやすさNo.1」とする方、別の1社は地域Bでの結果から、やはり「つながりやすさNo.1」だと宣伝する。それぞれ事実ではあるだろうが、利用者の利用環境によっては必ずしも正しくはない。

　ペプシコーラが「500人に聞いたおいしさ」とする比較広告では、ペプシコーラの支持者が61％で、コカコーラの39％を上回っている。一方で、コカコーラは「日本でいちばん選ばれているNo.1ゼロのおいしさ」という広告を

出している。いずれも限られた対象を調査しているためで、根拠とするデータが異なっている。

しかし、異なる結果に基づく間違った決定による影響は限りなく大きい。7章　ビッグデータの取り組みで陥りやすい4つのミスで指摘した、ビッグデータにおける4つのミスにおける間違った決定と、分析すべきデータが漏れているケースである。

また、中国人観光客が日本に買い物に来る時は、事前に買うものを決めているそうだが、このことはPOS（Point of Sales）データなどには表れない。初期のB2C（Business to Consumer：企業対個人）のビッグデータ分析では、ラガード（採用遅延者）層を対象の中心にしていた。いずれの方法も、市場がこれから望む商品を見いだすことは難しい。

間違った決定と漏れは、分析対象が無限データ、あるいは Any Data の場合に起こりやすい。未知の情報を見つけるための探索的手法に起因する（9章　ビッグデータの分類は処理プロセスによって変化する参照）。大量・多量に集めたデータに対し、暫定的なルールを決めて試行錯誤するため、間違った決定になる可能性が高くなる。

7章　ビッグデータの取り組みで陥りやすい4つのミスで紹介した感染症に関する「きゅうり、トマト、もやし」の事例では、重篤な感染症の原因を早めに発表したことが問題になった。実証実験を重ね確証を得てから対応すべきだっただろう。ただ、人命にかかわるような一刻の猶予も許されない場合は、「可能性がある」という条件を付けて公開しなければならないかもしれない。

関係者は、即座に結論を出すのではなく、ビッグデータ分析の結果は1つの可能性として検証を進める必要がある。そのためには、リスク管理の考え方が訓練されていなければならない。

11.2　課題2：大きなインパクトによる誤誘導

読者がビッグデータから画期的な発見をする可能性はゼロではない。それだけに、その発見が世間に与えるインパクトが誤誘導を防ぐリスク管理の感性を身に着けておいたほうが良い。

これまでにない画期的な発見は直ちに、市場から高い人気を得る。インパクトが大きいが故に、それが偽りであったとしても、かなりの注目を集めることになる。その結果、正しい結果を説く"退屈"な研究への興味を失わせてしまう。これは、望ましくない循環だ。

　ビッグデータ自身、新聞やテレビなどでは、「データは新世紀の石油」と紹介されるかと思えば、一方では「ビッグデータの終焉」「すでに Big Data から Any Data へ」といった表現も散見される。B2C（Business to Consumer：企業対個人）分野で早くからビッグデータに取り組んだケースでも、物凄い成果を出ているユーザーと、全く成果が出ていないユーザーとに2極化されている。

　成功者は、そのノウハウを公開しないし、失敗者は「ビッグデータは役に立たない」と吹聴する。後者の弁だけを聞いた初心者はビッグデータに尻込みしてしまうため、差が開き、先行者の一人勝ち状態になってしまう。極端なインパクトに左右されず、ビッグデータへの取り組みは地道に考えるべきだろう。

11.3　課題3：客が望まない結果を推奨

　ビッグデータを分析し正しい結果が導かれたとしても、顧客に不快な思いをさせては意味がない。例えば、スーパー大手の米ターゲットは、女子高生の自宅に赤ちゃん用品のクーポン券を届けてしまい、妊娠が親に発覚して大きな騒ぎを起こしている。

　これは、コンピューターで妊婦の買い物傾向を分析したところ、妊娠初期はカルシウムやマグネシウムといったサプリメントを、中期になると無香料のローションを買う傾向があるとの結果が出たためだ。この女子高生は、結果と同じ購買履歴をもっていたためクーポン券の送付先に選ばれた。

　この事件の背景には、個人情報の取り扱いに伴うリスクがある。米国では、申し出があった場合に限り個人情報を削除する「オプトアウト（脱退）」という考え方が主流だ。結果、上記のような、正しい結果に基づく迷惑な推奨といったことが起こる。

　これに対し、EU（Europe Union）は「オプトイン（事前の許可）」が原則

だ。日本も多くは EU と同じ考え方を採用している。日本の個人情報保護法では、個人情報の基本 4 要素である「氏名、性別、住所、生年月日」は保護対象になっている。

　法的な観点から、ビッグデータ活用に消極的な姿勢を見せる企業は少なくない。2013 年に某社がビッグデータを外部に提供すると発表しただけで、オプトアウト申請が 5 万件を超えるなど、個々人の側でも個人情報の利用に対しては慎重な見方が強い。

　こうした中、2014 年 12 月 19 日に IT 総合戦略本部の有識者会議において、インターネットの閲覧履歴やスマートフォンの位置情報といったビッグデータを活用する際の個人情報保護に関する指針が示された。同指針は企業に、個人が特定される部分を削除した上での外部提供の公表を義務付けた。基本 4 要素のほか、指紋、顔写真のデータ、携帯番号、パスポート番号などが個人を特定する部分になる。

　言い換えれば、個人情報の匿名化さえすれば、従来の構造化データに加えて、位置情報や個人嗜好などの時系列情報、各種閲覧履歴といった非構造化データも外部に提供したり、外部のデータを十分に活用したりできるということだ。

11.4　課題 4：国民性の壁

　日本では、「KKD（勘と経験と度胸）」を持つエキスパートを尊ぶ傾向が強く、コンピューターが弾き出した結果に従うことには、依然として抵抗感がある。この国民性は、欧米企業が持っている感覚とは異なっている。欧米ではビッグデータ以前から、データを駆使して科学的・効率的に経営しようとする傾向が強い。また従来から、マーケティング活動は"右脳的"とされ、感性が重要視されてきた。しかしこれも、ビッグデータを駆使すれば論理に基づく"左脳的"な活動になっていく。日本では、どちらかと言えば、右脳的な市場創造の信奉者が多く、「過去のデータから未来は創れない」と主張する人が少なくない。

　データと対峙する企業の姿勢の差が一因とみられるのが、ROE（Return On Equity：株主資本利益率）である。日本では、ROE が 10% 未満の企業が全体

の8割を占めているのに対し、米国ではその比率が6割もない。ただ、ROEが20％を超える企業も1割近く存在する一方で、赤字企業が3割を占めるなど、勝ち負けがはっきりしている。ビッグデータ活用では、こうした国民性の壁をどう打ち破るかも課題になる。

日本人は、要件定義の抽象化や不確実性に弱いとされる。日本では、メーカーが作り出す製品／サービスが、ほんの一部の人の経験に依っているため、市場の大多数の共感を得られない。図11.2でいえば、イノベーター向けの商品の開発に集中していて、市場の多数であるフォロワーやレイトフォロワーの層をあまり意識できていない。

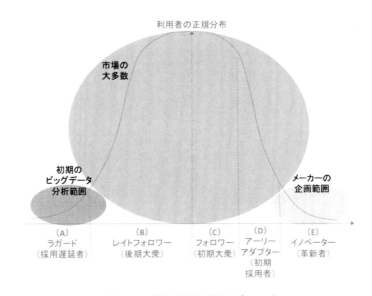

図11.2 商品企画と利用のギャップ

世界に誇る銀行のATM（現金自動預け払い機）も、海外で発行されたカードでは現金を引き出せないケースが25％もあるという。2020年の東京オリンピックを控え、政府からの依頼を受けた3大メガバンクは、海外発行のカードに対応したATMを2015年から導入する。

10章で紹介した自動販売機における「Z理論」も日本人の目の動きを想定したものだ。これからのビッグデータ分析では、日本を訪れる外国人を意識した

グローバルな対応も必要になってくるだろう。

11.5　課題5：ビッグデータはフラクタルである

　多くのデータを集めれば疑問が解けるという考えもあるが、ビッグデータが無限データやAny Dataの場合、それらはフラクタルであり、単なる"ゴミの山"であるかもしれない。異常値が多く、分析に必要な値が揃っていないことも少なくない。そのためビッグデータ分析では、多品種少量生産、つまりロングテールの領域に進む傾向が強い。しかし実際には、その逆の「少品種多量生産」の商品を見つけることの大切さを改めて理解しなければならない。正規分布の右側にある誤差の領域で、ビジネスでいうと桁違いの動きをするエリアである（8章　ビッグデータで人は誰でも天才になれるか？で指摘した（ベキ分布の領域）。

　つまり、ビッグデータの活用では、分析対象であるビッグデータ自体が重要なのではなく、そのビッグデータを生み出したユーザーの行動やモノの流れを読み取ることが大切であり、その動きに関連した「データ駆動（Data Driven）」こそが本質だ。最近はマーケティング分野でも、「データドリブンマーケティング」といった表現が使われている。

11.6　課題6：人間の側に限界がある

　人間が直感的にとらえられるのは3次元までである。1つでも項目が増えると、たちまちイメージできなくなる。ビッグデータにおいても、データ項目が増えると、正確な予測がかえって難しくなる。

　例えば、データ項目が2つで各々に10の要素があるとする。その分析では、10の2乗、つまり100通りの計算をすれば良い。これが10項目になると、10の10乗、すなわち100億通りの計算が必要だ。100億通りの結果から、有効な値を人手だけでは探し出すのは至難の業である。

　また、データばかり見て、実体そのものを見逃してしまうことも多い。心理

学における「メタ認知」とは、自分や出来事を冷静かつ客観的に認識できることを指す。歴史的には、メタ認知が備わった人が大きな成果を残している。既存の思い込みにとらわれ、新たな発見に気づかないのも人間の限界なのだ。

大量データは、分析ツールと理論が組み合わさって初めて有効に活用できる。データに基づく判断のためのビッグデータではあるが、データによる裏付けを元に"勘"を働かせるのが理想だろう。ビッグデータは、普通の人間にメタ認知を持たせる良い機会であり、これを受け入れるかどうかが、人間の限界を超える契機になるのかもしれない。

11.7　課題7：もはや役立たないデータ区分と未だ理論が不十分な分野の存在

データにも賞味期限がある。例えば人口統計的区分は既に意味がなくなっている。性別、年齢、住所といった顧客属性データが人口統計的区分として利用され、重要な役割を果たしてきた。だが1970年代から人口統計区分はビジネス上で活用され、考えられることはすべてやり尽くした感がある。そこでは、購買履歴といったデマンドドリブンな行動的区分も並行されてきた。（関連記事『IT部門は作るべきシステムが変革したことを認識せよ』- IT Leaders）

これに対し、趣味・嗜好、位置情報などを用いたイベントドリブンな行動的区分は、まさにこれから本格的に使われようとしている。今後のビッグデータ活用では、人口統計区分ではなく、行動的区分を使った分析をより重要視すべきだろう。

データを読み解くときの理論でも、物理学や天文学は昔から大量データを活用してきたため、データを扱うための組織やインフラ、そして理論が整っている。これに対し、脳やゲノム、動物コミュニケーションといった生物学的現象の研究では、膨大なデータが集まっていても必ずしも科学的な発見につながっていない。複雑に関係し合っているデータの見方や理論が未整備だからである。

現在のビッグデータ活用では、まだまだ分析ツールやインフラ、あるいは取得できるであろうデータの議論に終始している。今後は、ビッグデータを活用

したい領域における理論とデータ群をどう確立するかが鍵になるだろう。

　12章では、ビッグデータ編のまとめとして、あるべき姿や、社会・組織への影響、今後の可能性を考えてみたい。

第12章
KKD（勘・経験・度胸）の代替こそがビッグデータの"あるべき姿"

11章では、ビッグデータ活用に潜む"想定外"の課題を指摘した。12章では、ビッグデータ編のまとめとして、ビッグデータ活用のあるべき姿を提案する。

ビッグデータの分類は処理プロセスによって変化するで述べたように、科学的な分析手法からみたデータの分類方法には、有限データと無限データ（エニーデータ、Any Data）がある。無限データを対象にしたビッグデータの分析結果は、図12.1のような形になることは、『7章　ビッグデータの取り組みで陥りやすい4つのミス』で紹介している。分析の過程で対象範囲が、全体（破線）、取得できたデータ（実線）、分析結果（太線）と、徐々に小さくなることは、容易に理解できる。

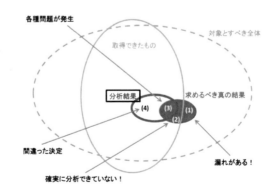

図 12.1　無限データ／Any Data のビッグデータ分析

12.1　有限データのビッグデータ分析では"想定外"が当然に

　ところが、有限データの場合は様相が違う。対象にすべき全体（破線）よりも、実際に取得できるもの（実線）や分析結果（太線）のほうが大きくなる（図12.2）。結果、求めるべき真実は"想定外"のところにあったりする。どういうことか、分かりやすく説明してみよう。

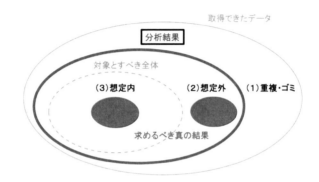

図 12.2　有限データのビッグデータ分析

　例えば、A市が持つ各種データを分析するとしよう。対象は、A市に住んでいる住民全体である。ところが、市が管理している複数のデータソースを統合してみると、実際に住んでいる住民数の3～4倍規模の住民データが集まってくる。統合したデータの中には、データの重複があったり"ゴミ"が混ざったりしているためだ。
　重複は、各々のデータソースで間違って入力されていたり、表記方法が違っているために同じ人を別の人と判断したりすることで起こる。一方の"ゴミ"は、既に転出している住民のデータなどが一部のデータソースに残っていることで発生する。逆に、実際には転入しているのに住民票を移していないなどの漏れもあるだろう。
　これらの重複やゴミを削除したとしても、分析対象は、対象とすべきデータ、ここでは住民数より広い場合がある。ここが、有限データのビッグデータ

分析で大事なところだ。すなわち"想定外"のデータが存在するのである。

具体的には、A市が管理する住民データだけでは出現しないものの、分析の目的からすれば外せない対象、すなわち、一時的に住んでいる外国人である「ゲストワーカー」や、A市に別荘や土地を持っている資産家や「ふるさと納税」を実施しているなどの市外在住の人々である。

ゲストワーカーはアベノミクスでも重要なキーワードである。市外の資産家も、人口減に伴い構造改革に取り組まない限り必然的に税収減になる日本では受益者負担の原則から見逃せない。地方都市が生き残るための鍵は、外国人観光客やゲストワーカー、別荘・土地保有者、ふるさと納税者などにどんなサービスを提供できるかだろう。であれば、彼らのデータも、A市のビッグデータ分析では不可欠なはずだ。

上記のような背景や理由を聞けば、誰もがゲストワーカーらのデータが必要なことは理解できるし、「当然、必要だ」と考えるだろう。だが往々にして彼らの存在にまで気が回らず、結果的に必要なデータを集めることなく分析を始めてしまう。これでは満足のいく結果は得られない。

今後、マイナンバー制度を推進する際も、ビッグデータのMECE（ミーシー。Mutually Exclusive、Collectively Exhaustive：重複なく漏れなく）を意識した名寄せと、有限データが基本になる。その有限データは信頼できるもの（Trusted Data）でなければ意味がないため、使用が許可されたデータ（Permission Data）が必要である。

12.2　専門家は意外と現実に対応していない

つまり、ビッグデータ分析で重要なことは、分析対象を確実にデジタル化しデータとして持つことを忘れないことだ。想定外の存在や、それらを加味した分析結果は、後から理由を聞いたりすると当然であり、新鮮さはないことが多い。だが、これこそがビッグデータの"あるべき姿"だと筆者は考える。

同様のことは、我々の周りで頻繁に起こっている。「紺屋の白袴」「医者の不養生」「灯台下暗し」など、専門家が意外と現実に対応していないことを指摘する話が多数あるように、これも昔から分かってきたことだ。

一例を挙げよう。多くの鉄道では、先頭に運転手、最後尾に車掌を配置する2人体制で運行されている。だが、朝夕のラッシュ時には、車掌が列車内を歩くわけにはいかないため最後尾以外の状況は全く分からない。車内で事故や事件や起こっていることを最近は、乗客のSNS（Social Networking Service）への投稿で初めて知るケースもあるという。

　図12.2でいえば、列車の乗務員が対象だと認識している全体（破線）は、目に見える範囲だけだが、実際に起こっていること（実線）は格段に広い。これを加味して分析すれば、結果（太線）は、想定外のデータを含めたために、当初の対象全体よりも大きくなる。

　別の例に、企業に寄せられるVoC（Voice of Customer：顧客の声）が挙げられる。企業には電話やWebからVoCが届くが、それは顧客の姿を正確には反映していない。そもそも企業に届くVoCの約95%は苦情である。

　一方、FacebookやTwitterといったSNSには、比較的素直な意見が述べられており、VoCとしては、よりは実体に近いかもしれない。苦情だけでなく、企業を誉める内容も少なくない。ただ、あくまでも投稿者が編集した情報だし、中には"やらせ"があるかもしれない。SNS情報だけで企業が判断するのは危険だが、分析対象に加えることは検討が必要だろう。

　ビッグデータ、特に有限データの場合は、自分に見えているデータだけで判断しようとしても無理がある。データを収集・保存・分析する過程で広がっていくデータにどう対処するかが問われている。

12.3　ビッグデータはサンプリングだけでは不十分に

　さて、統計学では、母集団から取ったサンプルデータが全体の代表とされる。これは、数字の世界では正しいかもしれないが、サンプルデータは母集団と異なっているのが現実だ。確かに平均値の周りにあるデータについては「サンプル＝母集団」かもしれない。正規分布の5%なり1%なりの左右の誤差を省けば、その通りである（図12.3）。

　例えば、母集団から100件のサンプルデータを取ったとする。95件は平均値の周りにあり、4〜5件（数学的に4.99999…件と仮定）が左側、すなわちロ

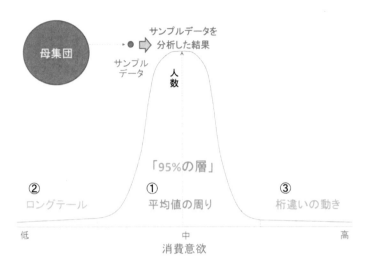

図 12.3　サンプルデータの分析のみからは真の母集団は見えない

ングテールである（図 12.3 の 2）。一方、0〜1 件（数学的に 0.00001…件と仮定）が右側のベキ分布だ（図 12.3 の 3）この段階では、真ん中の 95 件を分析すれば十分であろう。

　しかし、これまでも指摘してきたように、母集団そのものを対象にするビッグデータ分析では、左右の誤差を侮れない。ここでの母集団を日本の人口（1 億 2708 万人）とすれば、平均値の周りに 1 億 2000 万人程度が、左側に約 635 万人、右側に約 1270 人が存在することになる。

　従来なら、中央の 1 億 2000 万人を対象に商品やサービスを考えれば良かった。平均値の周りはグループ化が容易で、100 件のサンプルデータと母集団が、ほぼ同じ傾向を示すため、サンプルの中央にある件数に相当する 95 パターンを用意すれば十分である。

　それが今や、左側の個性のある層に向けては、グループ化が難しいため 635 万のパターンを用意しなければならない。『8 章　ビッグデータで人は誰でも天才になれるか？』で述べたように、左側の層で、あるグループを一括りにすると右側の影響のある層に反転することも可能だからだ。そして右側のスーパーリッチ層の約 1270 人に対しては、1 人ひとりに十分なおもてなしが必要になる。

ビッグデータの分析においては、パターン化という意味では、平均値周りだけでなく、左側の 4% 強と右側の 1% 未満に注視すべきである。

12.4　データに責任を持つ CDO が必要に

ビッグデータ時代においては、CIO（Chief Information Officer）、CMO（Chief Marketing Officer）、CFO（Chief Financial Officer）に続く新たな役割として、CDO（Chief Data Officer, Chief Digital Officer）が必要になる。米調査会社の Gartner によれば、2014 年時点で、米国では企業の約 8 ％が CDO を、日本を省くアジアでは企業の約 11 ％が対応している。米国では 2015 年に CDO 設置率が 25% になるという予測もあった。

まだまだ定義は未確定ではあるが、現時点では CDO には以下の役割がある。

1. データ全般を統括
2. データ戦略を策定
3. データ変革による競争力強化と強い組織作り
4. 各組織に散在するデータを横串で分析し、ビジネスの成長に関与
5. デジタル痕跡を把握

ビッグデータの時代には、「データを制するものがすべてを制する」ことが可能になるだけに、CDO は、CIO ／ CMO ／ CFO に匹敵する重要な存在になるであろう。企業によっては、CIO ／ CMO ／ CFO の誰かが CDO の役割を兼任するかもしれない。兼任のさせ方で、企業の特色が分かるだろう。

例えば、CIO 兼任ならビッグデータをテクノロジー視点で見ていて、CMO ならオムニチャネルや O2O（Online to Offline）などビジネスとビッグデータを結び付けようと試みる。データドリブンマーケティングもその 1 つになる。そして、CFO 兼任なら、内部不正を少なくし、訴訟対策としての「eDiscovery」の観点からビッグデータを考え業務改革に結び付けようと考えていることになる。

米国企業では、トップの影響力を表す言葉に「HiPPO（Highest-Paid Person's Opinions：最も報酬が多い人の意見）」がである。「KKD（勘・経験・度胸）」

に基づく HiPPO が米国企業を支えてきたわけだ。それが最近は、IT 業界でいえば Steve Jobs 氏（米 Apple 創業者）や Larry Ellison 氏（米 Oracle 創業者）、Bill Gates 氏（米 Microsoft 創業者）といったカリスマ経営者が少なくなっている。

実は、CDO の設置は米国の CEO（Chief Executive Officer）が強く望んでいる。KKD に基づいてきた HiPPO をビッグデータで補うことで、データに基づく HiPPO として影響力を維持したいというわけだ。同様に、CFO 主導、CMO 主導によるビッグデータを求める声が今後、さらに高まるだろう。

これに対し日本の大企業は、元々 HiPPO ではない。経営者の下にいる各チームの責任者達が出した結論をトップが和を考慮しながら承認する形で維持されてきた。強いリーダーシップを持つ経営者は皆無ではないが、経営者が"真空状態（実質的な権限を持たない体質）"のほうが組織はうまく機能する。

真空状態は、ビッグデータで補う必要もない。そのため経営者主導のビッグデータ活用は日本の大企業では進み難い。ただし、中堅・中小企業や外資系企業は HiPPO な体質を持っているため、日本でも、ビッグデータ活用に向けた取り組みは大企業より早くなることだろう。

ビッグデータを活用し始めると組織におけるコミュニケーションのあり方が変わっていく。有限データである組織内の分析と、Any Data である組織外の検索のそれぞれを組織の変革に応用できる。

【検証的手法による組織内の分析】

組織内のメンバー間の意見交換やコミュニケーションは、生産性と深い関係がある。ビッグデータ分析により社員間のやり取りを可視化すれば、コミュニケーションを最適化し、業務改善にも活かせる。すでにオフィスのフロアー配置で活用している事例がある。

【探索的手法による組織外の検索】

組織改革や業務改善の成否には、外部からの新しいアイディアを持ち込めるかどうかが大きな影響を与える。組織内のかかわりを増やすだけでは、同じアイディアが何度も行ったり来たりループしているに過ぎない。外部からのアイディアの持ち込みが必須となる。

12.5　デジタル痕跡というビッグデータで変わる社会

さらにビッグデータは、社会のあり方をも変えていく。

社会は、人口の集中と分散を繰り返しながら発展してきた（図12.4）。1760年代に英国で始まった産業革命により、人口が極端に集中する急速な都市化が起こる。その後100年にわたり、様々な社会的問題が引き起こされた。その解決策として、都市は集中型システムを構築し、衣食住に加え、エネルギーや安心・安全を住民に提供するようになる。そして、鉄道や自動車により交通網が整備され、商業が発展した。

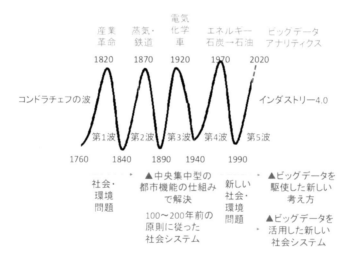

図12.4　社会を変えてきた技術革新の波

しかしながら、現在の社会システムは1〜2世紀も前から基本的には変わっていない。古いシステムの中、世界各地で人口集中による交通渋滞や、それに伴う大気汚染、貧富の差による食糧・住宅問題、地政学的なリスクなどが噴出している。これらを解決するためには、ビッグデータを駆使した新しい考え方を実現していかねばならない。

そこで注目されるのが、人の行動をありのままに記録する「デジタル痕跡」あるいはライフログである。デジタル痕跡は、編集された SNS 情報と違い、行動をありのままに記録しているので本当の姿をとらえられる。もちろん、セキュリティの観点から、データの匿名化などが大前提になるだろう。

　匿名化により1人ひとりの行動は分からなくても、ビッグデータとしては「全体」の動きが分かれば成功である。分析結果に基づく商品／サービスなどの提供過程では、全員が満足できないかもしれない。だが、選択された層（A 市の例でいえば、ゲストワーカーや別荘・土地の保有者、ふるさと納税者など）に集中的に対応することで全体が良くなり、他の人々にも良い影響を与えることになる。

　こうした社会へのビッグデータの適用を筆者は「ビッグデータの法則」と名付けているが、詳細は別の機会に譲る。

12.6　ビッグデータを扱うための 7 つの結論

　7 章から 12 章までのビッグデータ編の最後として、ビッグデータのあるべき姿を以下のように結論づけたい。

（1）やみくもに無限データ、Any Data を対象にしない
　目的を明確にして対象にする Any Data を絞り込む。Any Data を対象にした分析は、探索的手法なので、試行錯誤になることを覚悟しなければならない。

（2）有限データを使う場合は、Trusted Data（信頼できるデータ）を利用する
　ビッグデータではデータこそが命である。一方、Trusted Data を提供することを考えるなら、クラウド上にビジネスモデルを構築したい。成否がわからない段階でビッグデータ関連の製品／サービスを購入することには抵抗が強いユーザーが多いからだ。実証実験段階では、ビッグデータクラウドを対象に、R 言語や Perl 言語などを使った簡易開発が適しているだろう。

（3）Trusted Data と Any Data を突き合わせ、関連性をビッグデータ分析する

　この分析により"想定外"を探す。

（4）探す前には必ず「可視化」を実施する

（5）ビッグデータを単独ではなく、クラウドと GRC（Governance、Risk management、Compliance）を合わせた三位一体で広く考える

　収集・保存・分析・活用のプロセスで考えると、クラウドで収集・保存し、ビッグデータで分析・活用する。(2) で指摘したように、データに信頼性があるかどうかが実は一番大切だ。「信頼性 ＝ 完全性 × 正確性 × 正当性」である。ここで正当性の構成要素の１つが合理性なので、信頼性を考えると自ずとコスト最適化も実現できる。

（6）ビッグデータは、すべての人に影響を与える

　適用範囲はマーケティング、内部不正対応、IT による変革と多岐にわたる。そのため、CMO や CFO、CIO のすべての CxO が絡む。

（7）クラウド上でビッグデータを分析すれば、小さく始めて大きく成長させることができる

　最終的に GRC、つまり、信頼性のある結果が得られる。

　第２部では、KKD（勘・経験・度胸）の代替こそが、ビッグデータの"あるべき姿"だと述べた。だが、ビッグデータ分析から得られた結果を最終的に取捨選択するのもまた KKD であるのも事実である。

第3部

IoT時代のITシステム

第13章
IoT時代のシステム構築はイベントドリブン型になる

　第3部では、2020年を見据えた「グローバル企業のIT戦略」の一環としてIoT（Internet of Things:モノのインターネット）を取り上げる。IoTの本質や、IoT活用の新しいアイデア、IoTによる技術変革、人への影響や人工知能／ロボットとの関係などを考えていく。第13章では、まずIoTの本質に迫るため、IoTに関連する用語を確認したうえで、IoT時代のITシステムの仕組みを説明する。

　IoTは、「Internet of Things:モノのインターネット」の略である。IoTデバイスあるいはセンサーが、周囲の状況を感知し、データを送信する。集めたデータ群はビッグデータとして分析される。この分析は「Big Data Analytics」と呼ばれる。

13.1　M2M、SoLoMo、SMBC、SMACなど、すべてがIoT関連用語に

　ビッグデータ関連用語がIoTの説明に登場するように、IoT関連用語は多数存在する。例えば、M2M（Machine to Machine）がその1つ。通信機能を備えた電子機器や装置などが相互にデータをやり取りし、データを処理する仕組みを指す。自動販売機の商品補充やトラックの配送ルートの最適化など、IoTが今ほど注目される以前から使われていたが、今ではIoTと並列に並ぶ。ただ

IoTに比べ、処理する仕組みまでを含んで使われることが多い。

「SoLoMo」という言葉がある。Social Location Mobileの略で、2012年頃から使われている。狭義の定義では、位置情報を利用したソーシャルアプリケーションを指し、マーケティングの世界でも使われてきた。SoLoMoがIoT関連用語に挙がるのは、その基盤としてIoTデバイスが組み込まれたモバイル機器が不可欠だからだ。

「SMBC」「SMAC」もIoTの文脈で登場する。前者は、「Social、Mobile、Big Data、Cloud Computing」の頭文字を取ったものだ。メガバンクの略称と同じになるため、日本のIT業界の一部で多用されている。後者は「Social、Mobile、Big Data Analytics、Cloud Computing」の頭文字で、グローバルでは、この「SMAC」が標準だ。Securityの要素を取り入れ「SMACS」とするケースもある。

現在、米国のほとんどすべてのIT企業が、SMACを今後の方向性の基本に位置付けている。例えば米IBMは、SocialとMobileの2つを併せて「Engagement」という表現を使っている。顧客や従業員との接点を広げるという意味で、そのためのシステムを「Systems of Engagement」と呼ぶ。

ただ、IoTという言葉が使われ始めたのは1999年であり、クラウドやビッグデータよりも早い。元々はRFID（ICタグ）が様々な製品に添付できるようになれば、「すべてのモノの動きが把握できる」ことが目標だった。そこに携帯電話などが登場し、カメラや各種のセンサーなどを個人が携行し始めたことから、対象範囲が広がった。2012年に米Cisco Systemsが「IoE（Internet of Everything）」と呼び始めたのも、人や情報システム（プロセスとデータ）もネットワークにつながることを表現するためだ。

筆者としては、IoTの要素を含めれば、「M」は「Mobility」に言い換えたい。携帯機器だけでなく、自動車やドローン（無人飛行体）といった移動体を含むほか、Mobility（移動）に関わるモノはすべて、IoTデバイスになっていく可能性があるからだ。Securityも必須要素である。なのでIoT時代の技術要素としては「Social & Security、Mobility、Big Data Analytics、Cloud Computing」になる。

13.2　要件を明確に定義できるシステムは、ほぼ作り終えている

　なぜ、多くのITキーワードがIoT関連用語になっていくのか。その背景を知るには、ITシステムそのものの変化をとらえることが重要である。

　ITシステムの大きな流れを見れば、ITシステムは「デマンドドリブン型」と「イベントドリブン型」に大別できる。「ドリブン」とは「動かされた」という意味だ。IoTは、後者のイベントドリブン型である。IoTの広がりにより将来的には、イベントドリブンはさらに分化し、第3のドリブン型システムが登場すると予想される。第13章では、第1と第2のドリブンを取り上げ、第3のドリブンについては、第15章で、より深く考えてみたい。

第1のドリブン＝デマンドドリブン型システムの限界

　デマンドドリブン型とは、利用者の要求、つまりデマンド（Demand）がすでに決まっており、その要求に合致したルールに基づいて動作する仕組みである（図13.1）。一例を挙げれば、利用者の「喉が渇いた！」という要求に対し、ボタンを押せば飲み物が出てくる自動販売機の仕組みや、「現金を引き出したい！」という要求に対し、ボタンを押せば現金が引き出せる銀行のATM（Automatic Teller Machine）の仕組みなどだ。

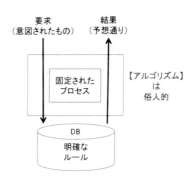

図 13.1　デマンドドリブン型システムの仕組み

米国や日本をはじめ、世界中のIT部門やITベンダーは、デマンドドリブン型システムを開発・運用してきた。1960年代に、メインフレームが企業の情報システムに利用されるようになって以来だから50年以上が経っていることになる。

　デマンドと、それに対する仕組みが分かっているので、アプリケーションは作りやすい。反面、ビジネスルールとコンピュータロジックが密に結合されており、全く分離されていない。ITシステムは、設定した条件に応じて分岐する「if-then-else」文または「case x」文でプログラミングされ、開発者の経験やスキル、さらにはセンスに依存し、俗人的な要素をどうしても内包してしまう。

　しかし、デマンドドリブン型のシステム群は、過去50年間に作り切っており、利用者が考え出すニーズが枯渇している。結果的に、2015年時点のITシステムの売れ筋は、たった2つしかない。1つは安いこと、もう1つは速いことだ。だから、クラウドサービスが飛ぶように売れ、ハイスペックの高速サーバーが求められる。

　デマンドドリブン型のシステムについては、もはや価格が安いか、処理が速いかにしか利用者は興味がない。第1のドリブンのみでは、ITベンダーやクラウドサービス事業者は、価格か速さにしか生きる術がないと言っても過言ではない。

第2のドリブン＝イベントドリブン型システムの登場
　イベントドリブン型とは、イベント（Event）すなわち、要求は決まっておらず単なる事象に基づいて動作する仕組みである（図13.2）。要求が決まっていないため、まずは仮説を立て、最初は、あいまいなルールでシステムを構築する。それを実際に稼働させ、得られた結果を科学的に分析することでルールの精度を高めていく。そのためのデータを取得し、分析、フィードバックするための基盤がIoTになる。

　デマンドドリブン型で挙げた例でいえば、「喉が渇いた！」という要求ではなく、自販機の前をたまたま通りかかった人々に対し、年齢や性別、気温・湿度などをモニタリングした結果から、その人に見合うであろう商品を自販機側から提案する。

　ATMであれば、現金を引き出そうとしている人に何かを提案できるかもし

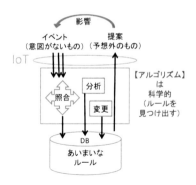

図 13.2　イベントドリブン型システムの仕組み

れない。例えば、その人が「近日、外国に旅行する」という情報を持っていれば、外貨の現金パックや TC（トラベラーズチェック）、あるいは海外旅行保険を勧められる。ATM はもはや、現金を扱うための機械ではなくなる。実際には、プライバシーの観点や法的な制約から、いくつかの壁があるが、今後、銀行と旅行会社の間に新しいつながりができれば、全く不可能というわけでもない。

　現金の扱いでいえば、1980 年代以前は、銀行の窓口は土曜日も開いており、現金の引き出しや振り込みのために窓口を訪れたものだった。1990 年代になると、銀行の窓口は閉まっていても銀行の ATM で事が足りた。2000 年代に入ると、コンビニ ATM の利用頻度が高まったものの、最近はネット取引で十分である。IT の進化がユーザーニーズを先取るようになると、ビジネスルールとコンピュータロジックを一体化させたデマンドドリブン型では対応できなくなっていく。

　上述の例でも、システム動作の起点は、「たまたま自販機の前を通りかかる」や「今、ATM の前にいる」というイベントだ。そのタイミングでは、利用者の要求は分からないので、アプリケーションを作るのは難しい。今後は、イベントに見合ったシステムをいかに構築できるかが重要になってくる。

　完璧な要件定義が不可能であるならば、あいまいな要件を前提に、運用しながらシステムが成長できるように開発しなければならない。それだけに、IoT基盤とつながるアプリケーションは、ビジネスルールとコンピュータロジック

の分離が不可欠であり、俗人的ではない科学的アプローチが求められる。

　ITベンダーやクラウドサービス事業者にしても、このイベントドリブン型システムを実現できる製品／サービスを提供しなければならない。それらを実現するためにもIoTは不可欠だ。結果、利用者と提供者のいずれもが、IoTをビジネスのためのテクノロジーの礎にするようになり、両者の境界はあいまいになっていく。

13.3　モノづくりが根本から変わっていく

　現在、インターネットにつながっている機器の台数は、携帯電話やPCを中心とした100億台。今後は、ウェアラブルデバイスの普及やIoT基盤の整備などを背景に、2020年には500億台になると予測されている。モノを誰が、いつ、どのように利用しているかというシナリオやストーリーまでが分かるようになるIoTは、既存のビジネス／社会に大きな影響を与えることになる。このシナリオ／ストーリーを最近は「コト」と呼んでいる。

　「モノ」の観点でみると、かつて"モノづくり大国"と言えば日本とドイツだった。しかし、IT分野では米国企業に圧巻され独占されている。そして米国の新興IT企業は、これまでのソフトウエアという枠から飛び出し、電子書籍端末や自動運転が可能な車など、製造業の領域をじりじり浸食している。その危機感からドイツは、ものづくり改革ビジョンとその実現策となる「Industry 4.0」を掲げ、自国の製造業を守ろうとしている。

　Industry 4.0では、インターネットやビッグデータ分析、人工知能（AI）などを製造業に適用する。ネットと製造を結び付けるのがIoTである。そうなると製造業は、最終的に製造するモノそのものではなく、むしろ、モノから得られるデータに大きな価値を見出すようになるかもしれない。

　製造するモノも変化は不可避だ。既にB2C（Business to Consumer：企業対個人）の世界では、靴や時計、メガネ、衣料品、ブレスレットなどがウェアラブルデバイスへと、その機能や形を変え始めている。電子皮膚も登場している。B2B（Business to Business：企業間）では、自動車や住宅といった分野で、完成品から部品までもが大きな影響を受ける。

最近、新幹線を利用していると、電光掲示板にB2B企業の広告が目に付くようになってきた。「今、あなたは当社と共に走っています」といったスタイルの広告である。就職戦線では、部品や材料の企業間取引で実績を上げているB2B企業が、学生達にとって有望な選択肢になっている。

　従来、B2Bの部品メーカーだった優良企業が、IoTを基盤にB2BとB2Cを結びつけた「B2B2C（企業対企業対個人）」企業を標榜し、一般消費者に直接訴えかけることが、ビジネスの主流になるかもしれない。消費者に届く最終商品も、どの部品メーカーのロゴが入っているかが選定の鍵になる可能性もある。

　そこでは、消費者の利用状況を示すデータが、IoTにより「C2B2B」の流れで部品メーカーにも届く（図13.3）。既に米国シリコンバレーでは、IoTデバイスから得た個人データを数値化して管理する「クオンティファイド・セルフ（quantified self）」と言うトレンドが注目されている。

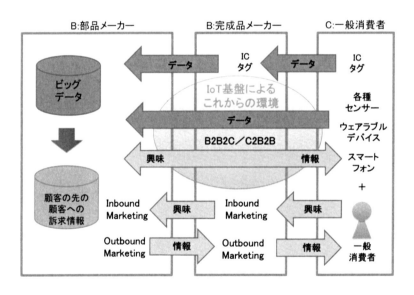

図13.3　B2B2C（企業対企業対個人）ビジネスにおけるデータと情報の流れ

　部品メーカーが明確なB2B2C戦略を持てば、市場が活性化するはずだ。

B2C出身企業とB2B出身企業が協力と競争を繰り返しながら、より良い商品を消費者に提供すようになるからだ。日本のEC（Electronic Commerce：電子商取引）市場の規模は、2013年にB2Cが11兆円強に対し、B2Bは186兆円である（いずれも経済産業省調べ）。B2B2CビジネスがEC市場の主役に躍り出る可能性もある。

一方、「コト」の面では、マーケティング活動が一変する。B2B2Cビジネスであれば、顧客の先の顧客である最終消費者に訴求するためには、従来のインバウンド（顧客からの問い合わせなど）でもアウトバウンド（企業からの情報提供）でもない新しいマーケティング手法をIoT基盤上で実現する必要があるウェアラブル端末やICタグを付けた部品からデータを取得できれば、これまで分からなかった最終消費者の動向やニーズをとらえられる。これを生産計画や在庫調整、需要予測などにも活かすことができれば、モノづくりだけでなく、コトづくりに向けたマーケティング活動も大きな変革を迫られるだろう。

IoTは、すべての業界、すべての人、そして社会に対し、従来にない影響を与えていく。14章では、IoTの実事例と筆者からの提案事例を元に、IoT活用の可能性を考えてみたい。

第14章
IoT活用で問われているのは発想力、ブレインライティングが有効

13章では、IoT（Internet of Things:モノのインターネット）時代の新しいITシステムの仕組みを説明した。14章ではIoTを活用するための新しいアイデアについて考えてみる。

IoT（Internet of Things:モノのインターネット）が進展していくと、世の中がどうなるのかを想像するのは容易ではない。今でこそ、インターネットは当たり前の存在になっているが、その出現以前に、現在のような状況を予見することが難しかったのと同様だ。

14.1 IoT＋イベントドリブン型の取り組みは始まっている

加えて『13章 IoT時代のITシステム』は、イベントドリブン型にせざるを得ないと指摘した。既にIoT型のシステムとして紹介されている既存の事例のなかには、イベントドリブン型システムの初期の形と言えるものが見られる。そのいくつかを、まずは見てみよう。

事例1：歩行者に合わせて切り替え時間が変わる信号機
信号が青から赤に変わる時間は、設置場所の道路環境や交通量に応じて予め設定されている。これがIoTであれば、お年寄りなど足の遅い人が横断歩道を渡る際には、青信号の点灯時間を長くする信号機がかつて研究されていた。カ

メラにより人間の存在を認識する部分がIoTであり、歩いている人の動きがイベントだ。

事例2：サイズにあった衣類の提案

　米百貨店Bloomingdaleでは南カリフォルニアの2店舗に、身体の20万カ所を測定する3Dスキャナーを設置している。米MeAlityが提供するシステムで、測定後は、ぴったりフィットする商品を取り扱いブランドから選び出し一覧表を提供する。衣料ブランドによってサイズの表示方法が違うため毎回、試着するといった手間を省けるのが特徴だ。3Dスキャナーによるデータ取得がIoTであり、サイズの入手または顧客への提示がイベントだ。

　MeAlityは2013年には全米のショッピングモールに3Dスキャナーを設置し、大量の身体データを測定／蓄積。これをベースに現在は、個人が自宅で測った限られた身体データからでも適切な商品を検索・提案できる仕組みである「MeID」という仕組みを提供している。

事例3：犯罪が起こる前に到着する警察

　米国の複数地域の警察では、事件発生時の対応、さらには事件の発生を防ぐための要員配置などのために、犯罪データなどのビッグデータ活用を進めている。例えば、ニューヨーク市警は、大リーグの試合結果をみながら、犯罪が起こる前に警官を配備することで、事件の予防につなげる。試合結果や過去の犯罪履歴、犯罪が起こり易い場所などをビッグデータとして把握している。これらデータ収集はIoTを活用しており、実際の試合結果がイベントである。

事例4：注文前に発送するという特許

　通信販売においては、顧客からの注文を受けてから商品を発送している。これに対し、顧客が商品を注文する前に、通販会社が商品を顧客近くの配送センターまで発送するという特許が出願されている。過去の履歴から注文の傾向を割り出し、事前に近くまで配送しておくことで、実際の注文を受けてから商品が届くまでの時間を短縮する。通販サイトはモバイル対応やオムニチャネル対応などでIoT関連技術を貪欲に取り込んでいる。ここでは過去の注文履歴がイベントだといえる。

14.2　イノベーションを支えるのはアイデア／発想である

　いかがだっただろうか。「そんなことができるのか」と思う半面、その仕組みや利用しているデータなど"種明かし"を聞くと「なるほど、それならできそうだ」とか「特段、凄いことをやっているわけではないようだ」と思われたかもしれない。

　しかし、イノベーションとは往々にして、このようなものである。新しいアイデアとソリューションが組み合わさって初めてイノベーションにつながっていく。IoTは最新のソリューションではあるが、それを活かすアイデアが必要である。アイデア、すなわち「発想力」がなければIoTに限らず、イノベーションは起こらない。

　アイデア出しで、よく失敗するのが、ブレインストーミングなどを実施するものの参加者の意見を言いっ放し／聞きっ放しで終わらせてしまうことだ。一般に現状分析から話を始めると、ネガティブな要素が多くなり心理的反発が出て建設的な議論にならない。

　読者も以下のようなテーマでアイデア出しに取り組んだ経験があるはずだ。「3年後のビジネスをITでどう推進していくのか？」「5年後の売り上げをどう倍増させるか？」「〇〇〇との協業を今後どう実現していくか？」「プロジェクトの次フェーズでは、品質改善、コスト削減、新ビジネス創出のどこに重点を置くのか？」などだ。実際、筆者も、これらテーマでのコンサルティングを依頼されている。

　これらのテーマについて、いきなり核心を議論しようとしても、上述したように、言いっ放し／聞きっ放しで終わる可能性が高い。まずは違った観点から見てみることが重要だ。

　3年後あるいは5年後にどうなるかはという未来は"雲"の中にある。この雲の中には、将来になると明確に見える姿やビジネスモデル、あるいはそこにつながる布石が存在しているのだ、そのいずれもが現在の私たちには見えていない。しかし一部の人、すなわち発想力が高いと言われる人は、そこに将来像を見ていることになる。なぜ、それが可能なのか。

　将来の姿は「壊れやすい花瓶」に例えられる。3年後あるいは5年後に完成

した花瓶は、だれの目にも花瓶として存在する。しかし制作過程、あるいは構想段階では、一般の人には完成した花瓶の姿は何も見えないだろう。

　では、この花瓶が地面に落ちて割れた状態をイメージしてほしい。割れた花瓶は、5つぐらいの大きな破片と、中小の破片、そして、数えられないほどに細かな破片に分かれる（図14.1）。これら無数の破片を集め正しい位置に戻すことができれば、元の花瓶、すなわち将来の姿が見えてくる。

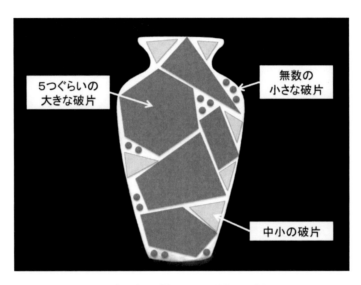

図14.1　将来の姿は「壊れやすい花瓶」に例えられる

これらの破片も以下のように正規部分に沿っている（図 14.2）。

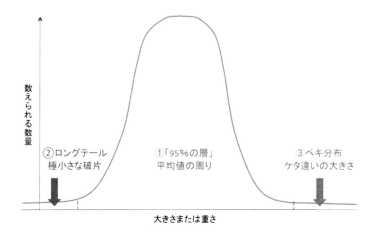

図 14.2　壊れた破片も正規部分に沿う。重要なことは大きい順に並べると右側だけで全体像が分かるということ

(1) 中小の破片＝真ん中の 95 ％（図 14.2 の 1）

(2) 数え切れないほどに細かな破片＝左側の誤差（図 14.2 の 2）

(3) 5 つぐらいの大きな破片＝右側の誤差（図 14.2 の 3）

　このとき、いくら（1）や（2）の破片をつなぎ合わせても全体像を想像できるだけの状態にはならない。だが、たった 5 つ程度であっても（3）の破片を組み合わせれば全体像は容易に想像がつく。この「5 つぐらい」が重要である。先見の明があるなどと言われる人は、この 5 つぐらいの重要な断片を早期に見つけられる人だと言えるかもしれない。
　（1）と（2）のアイデアは、ブレインストーミングなどでも多数出てくる。だが（3）のアイデアがなかなか出てこない。この 5 つぐらいの破片を見いだすことが本来のアイデア出しである。では、どうすれば本来のアイデアを出せるのだろうか。

14.3 ブレインライティングで他者のアイデアを膨らませる

コンサルタントとして筆者は、アイデア出しのセッションも担当する。そこで活用しているのが「ブレインライティング（Brain Writing）」という方法だ。短時間で効率よくセッションを進められるのが魅力である。通常は、「重要度」「緊急度」「実現可能性」の3つの指針でアイデアを評価するが、今後は「発想力」を加えることも有効だろう。

ライティング（Writing）の言葉通り、ブレインライティングでは、最初に仮説を立てたら、後は各人のアイデアを紙に書き出していくだけだ。人は、不安なことを考えているだけで余計不安になるが、不安なことを書き出せば楽な気持ちになれる。同様に、アイデア出しも頭で考えるだけでは膨らんでいかない。書くことで発想力が高まり、実現へと近づいていく。

ただ、ブレインライティングでは、アイデアの書き出し方に特徴がある。筆者がカスタマイズして実施している方法を以下に紹介する。

書き出す紙として筆者は、大きなサイズ（横 12.7cm × 縦 7.5cm）の付箋紙を複数色、用意する。例えば、セッションを3回実施するならば、3色の付箋紙である。付箋紙は、アイデアを分類する際に壁や模造紙に貼れるし、色を変えることで、何回目のアイデアが良かったかといった因果関係や関連性が容易に分かる。参加者には、各色の付箋紙を配布しておく。

まず参加者は「目標の時期には私たちは成功者である」と仮定する。ここが大事だ。心理学でいう「プライミング効果」を利用したもので、「成功者である」と最初に脳にインプットすることでアイデアの活性化を図る。先の花瓶の例で挙げたように、「今は、2018 年 6 月。IT で新しいビジネスを支援し大成功を収めた。この原動力は何だったのか？」とすることで、5つ程度の大きな破片となるアイデアを出していくわけだ。

アイデアは、付箋紙の1枚に1つずつ記入する。例えば、最初は黄色の付箋紙を使って、3個のアイデアを5～10分で書き出す。書き終えたら全員が左隣の人に回す。

次に、隣から受け取ったアイデアをベースに、さらに新しいアイデア3個を青色の付箋紙に、これも5～10分で書く。書き終えた青色の付箋紙は右隣に、

先に受け取った黄色の付箋紙はさらに左隣に、それぞれ回す。黄色と青色で回す方向を逆にすることで、同じ人からのアイデアだけで思考に偏りが出るのを防いでいる。最後に、青色の付箋紙を元に、新たなアイデアを赤色の付箋紙に書き出す。これで、あっと言う間にアイデアが「人数×3個×3セッション」分、出てくる。これらのアイデアを分類し、全員で点数を付けていく。

　ブレインライティングで重要なことは、隣から来たアイデアをどう膨らませていくかである。つまり、最初のアイデアに対し「逆転」「変更」「代用」「結合」「強調」「除去」「並び替え」「類似性の発見」「展開」などを図る。既成の思考から離れ、様々な角度から縦横斜め自由にアイデアを巡らせる。よく、アナロジー思考、マトリクス思考、水平思考などと言われるが、要は抽象化する思考力を養うことである。

14.4　既存 IoT 事例からイベントドリブン型システムを発想

　ブレインライティングによる発想力の一例を示すために、先に挙げたイベントドリブン型システムの先行事例を元に、新しい発想を筆者が試みてみた。ブレインライティングは1人でも使えるのだ。身の回りで困っていることに仮説を立て、それに対するアイデアを「逆転」「変更」「代用」「結合」「強調」「除去」「並び替え」「類似性の発見」「展開」を適用する。そうして出てきた新しいアイデアにソリューションである IoT を組み込む。

提案事例＝エネルギー分野での IoT

- 【元の事例】イベントドリブン型の事例3＝犯罪が起こる前に到着する警察
- 【仮説】エネルギー分野と IT を身近で結び付けられないか？
- 【アイデアの連想】イベントドリブン型の事例3は、野球の試合の結果が、犯罪の起こり易い場所にどう影響するか、その傾向値を把握する方法だった。ここに、時間や季節の要素を加味して考えを「展開」。自然エネルギーの売電に注目し、ビジネスにつながる視点を「強調」してみる。
- 【新しいアイデア】オフィス環境に応じて自動で開閉するブラインド／

カーテン

　オフィスでは、ブラインドやカーテンは手動で開け閉めするのが普通である。タイマーで開閉するブラインド／カーテンはあるが、ここにIoTを組み合わせ、日中の日当たりや夕日の向き、あるいは室内の温度なども加味しながら自動で開閉するようにする。日照や室内温度などをセンサーで管理し、ブラインド／カーテンの操作装置と連携させる。

　さらに発想を膨らませれば、ブラインド／カーテンによって太陽光発電ができれば、売電につながるかもしれない。すでにブラインド型太陽光発電という発想の外装材があり、日差しを遮ることで室内の温度上昇を抑えると同時に、太陽光発電による電力を空調や照明に利用するという実証実験が実施されている。こうした外像材や発電機能付きカーテンをIoTに対応させれば、エネルギー分野に貢献できる。

　読者も、周りにある事例や課題に対し、IoTを適用すればどうなるかのアイデアを是非、考えてみて欲しい。場合によっては新しいビジネスモデルにつながる可能性もある。自由闊達なブレインライティングのセッションを早速実施してみてはどうだろう。

　15章では、デマンドドリブン型とイベントドリブン型に続く"第3のドリブン型"を取り上げ、これら3つのドリブン型の違いと、我々への影響を考えてみる。

第15章
IoTが導く第3のドリブンは"エモーション（感情）"

　14章では、IoT（Internet of Things:モノのインターネット）を活用するための新しいアイデアの発想法を説明した。15章では、13章で説明した「デマンドドリブン」「イベントドリブン」に続く、第3のドリブンについて考えてみる。

　「データドリブン」「データ駆動型」など「ドリブン」を付したメッセージが増えている。ドリブンとは、何かに動かされという意味だ。ものごとは何かのきっかけによって動き出す。

　『13章　IoT時代のシステム構築はイベントドリブン型になる』で、世の中の動きは、デマンドドリブン型からイベントドリブン型にシフトしていると指摘した。デマンドドリブン型は利用者の要求（デマンド）が顕在化してから取り組む形であるのに対し、要求がまだまだ潜在状態で明確になっておらず利用者像も特定できない段階に、多くの人の動きからとらえるのがイベントドリブン型である。

　デマンドドリブン型を「第1のドリブン」、イベントドリブン型を「第2のドリブン」と呼ぶとき、「第3のドリブン」が既に動き出している。それは、"人の感情（Emotion）"が起動点になる「エモーションドリブン型」である（図15.1）。

　人の要求や行動の背景には、その人の感情がある。例えば、人間の記憶には「意味記憶」と「エピソード記憶」がある。前者は事実と概念に関する記憶であるのに対し、後者は、特定の時間や場所での行動や、そこでの感情が含まれ

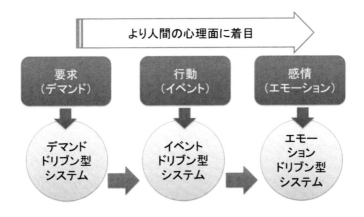

図 15.1　デマンド、イベントに続く第3のドリブンは「エモーション（感情）」

る。意味記憶はデマンドドリブン型であり、エピソード記憶はイベントドリブン型やエモーションドリブン型だといえる。

一般にエピソード記憶のほうが、人の記憶への定着率が高い。なので、イベントや感情に訴求する方法が大切になる。要求が形成される前に、行動、さらには感情を感知できる仕組みを構築することが今後、ますます重要になってくる。

以下では、3種類のドリブンの違いについて、小売業における商品の売り方を具体例に、それぞれがどう異なっているのかを説明する。

15.1　個人情報と販売履歴が中心のデマンドドリブン型

小売業は、顧客の要求（デマンド）に見合った店作りや売り方を古くから実践してきた。その現れが、高級専門店や百貨店、スーパー、コンビニエンスストアといった業態の違いであり、それぞれで売り方が変わる。参考情報は、氏名や生年月日、性別、住所という個人情報の4要素と、店頭で取得するPOS（Point of Sales：販売時点情報管理）データが中心だ。

(1) 少量陳列効果

　高級店では、商品数は少ないほうが顧客には高級に感じられる。ITでは、少数陳列のため商品管理を実現している。

(2) 大量陳列効果

　スーパーでは逆に、商品を大量に並べることで割安感を出している。100円ショップはその典型で、価格を均一にすることでITコストの削減にもなっている。

(3) コンビニ陳列効果

　コンビニでは、利用者がすぐに商品を探せるように、商品を整然と並べる。レジでは、客の年齢と性別をコンピュータに入力することで、1回の訪問当たりの購入金額を高めるよう工夫している。ただし、年齢などは顧客の外見を店員の主観で判断している。

(4) Z理論

　自販機では、顧客の視線が、商品ディスプレイの最上段左から右側に、次に右上から左下への対角線に飛び、下側を左から右へ動くとの考えから、「Z」形に商品が配置されてきた。ただ最新の調査では、Z理論のようには利用者の視線が動く傾向は少ないとの報告もある。

　人口統計区分や顧客の購入履歴に基づく売り方は、今後もなくなることはないが、飽和状態にあることは認識しなければならない。Z理論にしても、日本人以外には当てはまらないとの意見もある。訪日外国人旅行者が増えるなど、グローバルな時代に合わせた基本情報の見直しも必要だろう。

15.2　正規分布の法則が崩れるイベントドリブン型

　買いたいという要求（デマンド）がない状況下で商品を提案・販売するための方法である。最近、日本の小売店では商品売り上げの正規分布が崩れ、高級

品と割安品のみが売れる傾向がある。すべての商品群で売り上げを高めるには、従来にない仕掛けが必要になる。

(1) 新しい機器やデータを追加するタイプ

イベントを察知するセンサーやカメラ、通信機能、赤外線など新しい機器を追加することで、人の動きを感知し、それに対応する。例えば、人の動きに合わせてディスプレイに表示する内容を変える自販機や、買い物客の身体の測定する3Dスキャナーなどである。

またデータ面では、SNS（Social Networking Service）への書き込みやEC（Electronic Commerce：電子商取引）サイトのアクセスログなど、自店のPOSデータからは得られない人の動きなどを加えることも、イベントドリブン型の取り組みだといえる。

(2) VMD（Visual Merchandising）を適用するタイプ

VMDは、商品の形や色、広告など視覚に訴える要素によって、消費者の購買意欲を高める考え方である。米国で1944年に誕生し、日本では1980年に伊勢丹（現三越伊勢丹）が採用するなど、伝統的な手法である。

VMDによる店作りの基本は、とにかく店に入ってもらい客の滞在時間を長くすることにある。最近は、入りやすいが出るのが難しい構造の店舗も設計されている。デジタルサイネージは、ITによるVMDの実現策の1つだろう。ここにモバイルやセンサーを組み合わることで、客層や顧客が今いる場所、ECサイトで検索していた商品などから、VMDの訴求内容を切り替えて、より広い層を店内に引き込むことも可能になる。

(3) 真逆な発想が必要なタイプ

逆転の発想により、要求がない人にも付加価値を提供する方法である。例えば、クレジットカード会社が、クレジットカードに電子マネー機能を付けるのではなく、電子マネー用のカードにクレジット機能を付加するなどである。クレジットカードを作りたいという要求ではなく、電子マネーを利用しているというイベントに対し、クレジット機能を売る。このような真逆な発想で、新しい需要を掘り起こす。

15.3 客の要求やモノのイベントに依らないエモーションドリブン型

相手の感情（エモーション）に基づいて、商品を提案する考え方だ。エモーション型の販売手法は現在でも、いくつか実際に利用されている（図15.2）。

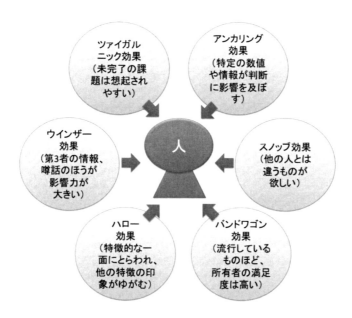

図 15.2 人の要求や行動は心理的な状況で左右され

（1）アンカリング効果
高額商品の近くにある類似の商品に対し安心感を覚え、手が届く範囲の安価な商品を購入してしまうことをアンカリング効果と呼ぶ。何年経って売れそうもない高額商品は、それ自身が売れなくても近くに置いた類似商品を販促するという価値を持っている。

例えば、1m 近い大きさで 10 万円もする木彫りの置物の周りに、500 円程度

のミニチュアを並べる。すると、10万円の木彫りは全く売れなくても、ミニチュアが沢山売れる。アンカリング効果は交渉にも当てはまる。双方で決め難い事柄がある場合、最初にその話題を口に出した人には優位には動かず、その周辺事項を話題にする人のほうが物事を決められる。

（2）ツァイガルニック効果

目標が達成されない未完了の課題に対する記憶は、完了した課題の記憶に比べて想起されやすいというもの。「未完成だから魅力的」という心理的な盲点を突いている。

例えば、個人旅行とツアー旅行では、ツアー旅行のほうが後々には良い印象だけが思い出され、見られなかった場所を良いように解釈する。個人旅行では時間に制約されず好きなところに滞在してきたはずだが、限られた場所・時間しか滞在できないツアー旅行は、目的が未達の分、記憶としては鮮明になるためだ。これは講演でも同じである。すべてを話し解決してしまうより、聴衆に物足りなさや疑問や抱かせる手法のほうが、ビジネスとしては後々に続いていく。

（3）気分一致効果

ある種の苦痛の後に安堵感を与えることで、購入をうながす方法だ。高速道路のサービスエリア（SA）などでは、普段は買わないような余計なものまで買ってしまうことがある。これは、長時間自動車に乗っていて尿意や空腹感を感じていた人が、SAで解放されるためである。SAに移動や観光とは全く関係がないと思われるゲーム機などが置かれているのも、この考え方に基づいている。海外旅行での買い物や、プロジェクト達成後の打ち上げなどで、ついつい財布の紐が緩くなってしまうのも同様である。

（4）衝動買いへの対策

米国では客の75%が衝動買い（impulse purchase）をするというデータがある。商品の配置や音楽、香辛料などを駆使し、目・耳・鼻から感情に訴えかける戦略だ。男女による違いも明確なようで、男女差も重要な要素となる。

15.4　各種センサーでエモーションの間接的な把握が可能

　エモーションドリブン型のシステムでは、これらを実データに基づく科学的な仕組みにかえることになる。しかし、まだまだ完全にはITでシステム化されていない。ただ、イベントドリブン型やエモーションドリブン型のシステム構築において、IoTが効果を発揮するのは間違いない。

　例えば、講演や顧客訪問などにおける相手の興味の度合いは、顔の表情や手の位置、視線などから推測できる。興味がない状態なら、「目を伏せる、顔を背ける、口を堅く閉じている、手を頭の後ろで組む、天井を見上げる」などだ。また「左右の目じりの間」と「目と口の間」の比率からは、笑顔かどうかが分かるし、人の視線から将来のことを考えているのか過去のことを考えているのかを推測できる。

　さらに生体情報を計測すれば、より詳細に心理状態を測れるようになるかもしれない。実際、心電位の間隔からはリラックス状態か緊張状態かが分かる。ここに脳波を加えれば、興味度などが分かり、より精度が増すだろう。エモーションドリブン型システムを実現するための仕掛けは、そろい始めているのである。16章では、IoTによる技術変革の背景や技術トレンドを考えてみる。

第16章
IoTでデータを再集中させるセンサーの課題が未解決

15章では、IoT（Internet of Things:モノのインターネット）時代のシステム思考となる「エモーショナルドリブン」を説明した。16章は、IoTを取り巻くテクノロジーの背景とグローバルな見方との違いについて考えてみる。

新しい領域へのイノベーションはテクノロジーの境目を越えなければ実現できない。まずは1960年代から現在に至るまでのコンピュータテクノロジーの進展を振り返ってみよう。

その歴史を一言で言えば、データを集中管理するか分散で保持するかの繰り返しである（図16.1）。メインフレーム時代は、大型コンピュータにデータが集められ、クライアント／サーバーコンピューティングにより、データは部門や個人に分散化した。インターネットの出現でデータは再度集中化し、クラウドによりデータはビッグデータとしてネット上に莫大な量が溜め込まれた。

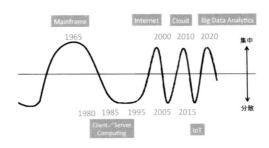

図16.1 コンピュータの歴史は集中と分散の繰り返し

さらに、イベントドリブン型のシステムが必要とするデータは現在、いたるところに分散しているが、これらも IoT（Internet of Things:モノのインターネット）デバイスによりクラウドに集められる。2020 年前後までは、IoT によりデータを一極集中で管理する流れが続くだろう。

16.1　グローバル企業は局面の変化をとらえるのに敏

この集中と分散の過程の中で、IT の境目を超えることで次の次元に到達する（図 16.2）。サイロ化が進んだ企業システムは、2000 年にクラウドという技術の選択を迫られ、2010 年にはビッグデータの壁が登場した。グローバル企業は、こうした技術の局面が変わっていることに気付くのが早い。グローバル対応を進めるには、こうした技術局面の変化に気づくことが重要である。

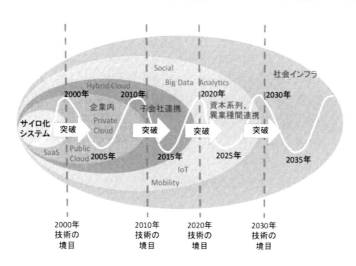

図 16.2　IT の境目を超えることで社会は大きく変化する

サイロ化された企業システムはプライベートクラウド（Private Cloud）によって仮想化され、ハイブリッドクラウド（Hybrid Cloud）により子会社連携が進む。さらに、Social や Mobility、Big Data の考えで資本系列・異業種

間連携につながっていく。2020年に向けてはIoTとBig Data Analyticsにより、社会インフラ自体に大きな影響を及ぼすことになる。

16.2　CPUにも変化を求めるイベントドリブン型システム

　技術の境目を超える際に誤った判断をすると足元をすくわれるのは、テクノロジー企業も同様だ。スマートフォンの急速な普及は米Microsoftのような巨人にも大きな影響を与えている。今後のIoT時代に備えて、テクノロジー企業は今、プロセサとソフトウエアの組み合わせで市場を勝ち抜くための戦略を練り直している。

　デマンドドリブン型では、1つのシステムが1つのCPUを使うことを前提にシステムは構築されてきた。『13章　IoT時代のシステム構築はイベントドリブン型になる』で述べたように、デマンドドリブン型システムの需要が枯渇すればCPU需要も伸びなくなる。今後、サーバー需要が伸びるのは、マイナンバー対応など新たな規制に伴うニーズが具現化したとき程度だろう。

　これに対しイベントドリブン型では、極端に言えば、1システムが数万CPUを使ってビジネスモデルを実現する。IoTによりデータが、従来の構造化データに加え、非構造化データや時系列データが増えていることも、新たなCPU需要を生み出している。

　その一例に、米IBMが国防省の支援を受け研究を進める「SyNAPSEチップ」がある。脳にヒントを得た同チップは、現在より非常に少ない消費電力で膨大なセンサー情報を処理できる。IBMが積極的に取り組むコグニティブコンピューティングの一部として、人間の脳のような知覚や行動、認識の実現を目指している。

16.3　意外と見落としているセンサーの課題

　IoTでは、多種多様なデータがクラウド上にあることが前提になってくるが、そのためにはセンサーデバイスが重要な意味をもってくる。だが、そのセ

ンサーデバイスにも種々の技術の境目があることには意外と注意が払われていないようだ。

例えば、無線通信チップのコストは100～200円程度なので、すべてのモノに無線でデータを送れるようなセンサーを取り付けるには、時間が必要である。家の鍵や自転車の鍵、犬の首輪、鞄、靴などB2C（Business to Consumer：企業対個人）分野では対象となるモノは多数あるが、センサー側のコストを考えれば、高価なモノを省くと敷居が高い。B2B（Business to Business：企業間）分野で利用が先行する理由の1つがここにある。

またIoTデバイスに使われる通信機器の通信速度はせいぜい100bps（ビット／秒）程度である。日本のLTE（次世代高速通信）が100メガbpsなので、100万分の1以下程度で、従来の多くのアプリケーション（デマンドドリブン型システムの延長）では十分な速度だ。ただ、イベントドリブン型ではデータの発生頻度が異なるため、より速い速度が望まれる。

もう1つIoTの課題点を挙げると、機器間で情報をやり取りするプロトコルがある。通常のプロトコルはHTTP（Hyper Text Hyper Protocol）のRESTfulであるが、ヘッダー情報が重くなる傾向があり省電力を求めるIoTには向かない。このため軽量プロトコルが出てきている。米IBMが仕様策定した「MQTT（MQ Telemetry Transport）」やフィンランドの企業が提唱した「CoAP（Constrained Application Protocol）」などである。

16.4　ウェアラブル端末含めた共通課題はバッテリー

さらに、ウェアラブル端末の共通した課題としてバッテリーがある。どんな場所にもセンサーを設置できるという観点からは、周囲の環境からエネルギーを回収する方法が理想とされ、グローバルで研究されている。研究中のものを含め、主な企業の取り組みを紹介する。

（1）振動

周囲の振動電力に変換する方式である。エアコンや冷蔵庫などの揺れ程度の振動を対象に、バーモント大学をスピンアウトしたMicroGen systemsなどが

関与している。

(2) 太陽光

太陽光発電そのものは珍しくなくなってきたが、パネルが透明な太陽電池も開発されている。IoT機器の表示画面などを覆える。フランスのSunpartner Technologies（NTTドコモベンチャーズが出資）が同分野の企業の1社である。

(3) 既存の電波（電磁波エネルギー）からの電力回収

Wi-Fiネットワークにメッセージを送信するための電力を、テレビ、ラジオなど既存の電波から回収する。ワシントン大学の研究チームが挑む。

(4) 超音波による無線充電

ペンシルベニア大学出身者が設立したuBeamは、超音波変換技術を開発している。送電装置で電源から供給された電気を超音波に変換し発信。その超音波を受信装置で受け取り電力に変える。つまり無線で充電できるわけだ。

(5) 温度差

高いものから低いものへ向かう電子の自然な流れを利用するものである。

(6) 人間の日常生活における基本的な動作

歩行や咀嚼などを活用して発電する方法。人に踏まれて発電する発電床は実現に近づいている。

(7) 人体の動き

心臓の動きによる発電や胃酸による発電などがある。唾液で発電する燃料電池は、サウジアラビアで考えられている。

16.5　データをお金に換えるビジネスモデルが必要

　米国では既に、新車であればタイヤにセンサーが内蔵され、空気圧を計測し無線で車載コンピュータに送信している。1台の自動車には既に60個以上のプロセサが取り付けられている。米国では新車の購入意欲は根強く、2014年には1652万台、8000億ドル（約99兆円、1ドル124円換算）が販売された。その製造コストの4割近くをセンサーやプロセサなどの電子部品が占める。

　それだけに、B2BやB2Cに匹敵するビジネスが、V2X（Vehicle to X）市場として期待されている。XがVehicleの「V2V」は車車間通信となり、XがInfrastructureなら信号機や道路標識などのインフラと直接通信する「V2I（路車間通信）」、クルマが歩行者と情報をやりとりすれば「V2P（Vehicle to Pedestrian）」である。

　またEUでは、2017年から販売される新車には「eCall」という自動事故通報システムを搭載することが義務付けられた。クルマに搭載された通信装置が自動的に事故が発生した場所の位置情報などを緊急通報する。そこでは、共通の通信プラットフォームを使用する。

　ビジネスの世界のKPI（Key Performance Indicator）は、やはりお金だ。従来、捨てたり手付かずだったデータを活用してお金に結び付ける「Data Monetization Business Model」が色々なところで求められている。このトリガーの1つがIoTを用いた技術変革であることは間違いない。17章ではIoTによるエモーションドリブン型システムと関連する人工知能やロボットについて見てみる。

第17章
IoTで活性化するロボットと人工知能（AI）

16章では、IoT（Internet of Things:モノのインターネット）を取り巻くテクノロジーの背景について説明した。17章では、IoTによるシステム化により関連性が深くなるロボットや人工知能について見てみる。

デマンドドリブン型、イベントドリブン型に続く第3のシステムが、人の感情を起点に動く「エモーションドリブン型」であると、15章で指摘した（『IoTが導く第3のドリブンは"エモーション（感情）"』）。

これまでのITは、PDCA（Plan、Do、Check、Act）に基づくデマンドドリブン型で左脳的なシステムを作ってきた。明確な要求（デマンド）を文字や言葉という入力として受け取り、論理的に分析し合理的に処理する（図17.1）。

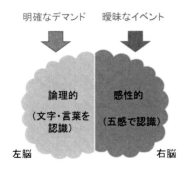

図17.1 左脳と右脳の役割

イベントドリブン型になると、あいまいなイベントをIoTデバイスから読み取り、OODA（Observe、Orient、Decide、Act）に基づき、感性的・直観的な右脳的な処理を繰り返すことで創造的に答えを得ていく。このあいまいな入力が人の感情に変わればエモーションドリブン型になる。

17.1　センサーが感情をデジタルデータに変える

そこでの課題は、感情をどうとらえるかである。そのための手段の最有力候補が、IoT（Internet of Things:モノのインターネット）だ。IoTデバイスをウェアアラブルにし身体に身に付ければ、脈拍や心拍数の変化から感情を察知できるからだ。米Googleが開発するコンタクトレンズは血糖値を、米Proteus Digital Healthが開発中のデジタル錠剤は心臓を含む体内のデータをも収集できる。

ウェアラブルでなくても、動画像などからも人の感情は読み取れる。既に表情からは感情がある程度認識できる。さらに、東京農工大学などによる研究では、歩き方からも感情が分かることが証明されている（発表文『ロボットが「歩き方」によって人の感情を認識可能と証明』http://www.tuat.ac.jp/disclosure/pressrelease/2014/20140711130206/）。

こうした期待から、センサーの市場が有識者の予想を超えるスピードで広がっている（『16章　IoTでデータを再集中させるセンサーの課題が未解決』）。センサーは、光や、電磁波、音波、熱、化学反応、生体情報、加速度、角速度、流量といったアナログな変化をデジタルなデータとしての利用を可能にする。

これらのセンサーを使ったIoTデバイスをシステム化する際に、関連性が深くなるのがロボットや人工知能（AI：Artificial Intelligence）だ。まずは最近、話題になったロボットの例をいくつか見てみよう。

- **パナソニックの「アシストスーツ」**： 重いものを持ち上げる装着ロボット。腰と太ももに取り付け、身体への負担を軽減する。医療や介護分野での使用が期待されている。決められた仕組みに沿って動作するデマンドドリブン型である。

- 東京大学の「アキレス」：二足歩行ロボット。遠隔カメラで歩く場所を撮影し姿勢を解析する。撮影結果に基づくイベントドリブン型と言える。
- 英ダイソンの「ダイソン 360 Eye ロボット掃除機」：周囲 360°をカメラで監視し、障害物に当たらずに自動で掃除するイベントドリブン型である。従来機種は障害物にぶつかると方向を変えるデマンドドリブン型だった。
- 村田製作所の「村田製作所チアリーディング部」：傾きを検知するロボットで、ボールの上でバランスを取りながら踊る。超音波と赤外線で位置情報を互いに交換することで複数のロボットがチームとして行動するイベントドリブン型である。交通システムへの適用が期待されている。
- ホンダの「歩行アシスト」：高齢者らの歩行を補助する。デマンドドリブン型だが、内蔵したセンサーが動く足の角度をとらえて、モーターが力を強めたり弱めたりして歩行を誘導するイベントドリブン型とも言える。
- ネスレのコーヒーメーカーを家電量販店で売り込む「Pepper」：ソフトバンク製の感情認識ロボ Pepper を使って製品を販売する。エモーションドリブン型の活用例である。

17.2　B2C 分野での開発が進み始めたロボット

　従来、日本のロボットは B2B（Business to Business：企業間）用途が中心だった。自動車など製造業の工場で稼働する産業用ロボットあるいは寿司めしやおにぎりを握るロボットなどだ。主にデマンドドリブン型のロボットである。

　しかし 2020 年に向けて、日本でもロボット新戦略が動き始めている。介護や医療、サービス業、インフラ点検、農業が注視分野である。例えば、病院や介護施設で患者の世話をしたり、家庭で掃除や家事をしたり、人の話し相手になったり荷物を届けたりと、B2C（Business to Consumer：企業対個人）領域での開発が進む。

海外ではこれまで、見た目よりも実用性を重視したロボットが開発されてきた。しかし最近は、子供を対象に、恐竜型のおもちゃと米 IBM が提供するコグニティブコンピューティングサービス「Watson」をつなぐ Cognitive Toy なども開発されるようになっている。

こうした B2C 分野のロボットは今後、3 極化が考えられる。1 つはロボットに明確な指示命令があるデマンドドリブン型で、決められたことを確実に実行する。2 つ目は、相手の動きやイベントを察知して動くロボット。そして最後がエモーションドリブン型システムを搭載し、人の感情を判断して動くロボットだ。一方の B2B 分野は、IoT デバイスを使ったイベントドリブン型システムへ進化するだろう。例えば、深海の海底熱水鉱床に眠る金・銀・レアアースを発掘するロボットによる次世代海洋資源調査技術も脚光を浴びている。

17.3　第 1 次 AI ブームから 30 年を経て実用期に

センサーとロボットの間にあって、人間の頭脳と同様の働きをするのが、人工知能である。日本では 1982 年に「第 5 世代コンピュータ」プロジェクトが立ち上がり、1985 年頃には第 1 次 AI ブームが起こっている。そこでの多くの成果が現在の礎にはなっているものの、当時は本格的に使われるというよりも、実証実験レベルにとどまるものが多かった。

それから 30 年が経ち、グローバルでは着実な成果が出始めている。特に IT 業界では現在、M＆A 案件で活発なのは、AI／ロボット系、モビリティ、エネルギー、音楽、ソーシャル、アプリケーション開発系の 6 種である。例えば Google は、AI 研究開発の英 DeepMind、ロボットアームの米 RedWood Robotics、ロボットメーカーの米 Boston Dynamics、ヒューマノイドロボットのシャフトなどを買収している。

国家プロジェクトも動き出している。米国では、2013 年にオバマ大統領が「Brain Initiative」を立ち上げた。脳神経回路の全細胞の全活動を記録し解析することで、脳の情報処理や記憶などのメカニズムを知る計画である。当初の目的は、脳の難病の克服にあるが、将来的には強い人工知能を創造する戦略となる。EU は「Human Brain Project」で 2022 年までに人間の脳を再現する

計画だ。

　こうした中、AIに関する特許件数は、日本からの出願数は米国や中国のそれを大きく下回っている。米国の約6分の1、中国の約2分の1だ。しかも日本は、米国同様に企業による特許出願が多いのに対し、中国では大学からの出願が目立つ。原因として、1980年代の期待感と実際の落差から、1990年代以降、大学での人材育成に遅れが出たことは否めない。

17.4　左脳的と右脳的の両アプローチが重要に

　ところでマーケティングの世界において特に日本では、KKD（勘と経験と度胸）という右脳的な方法が取られてきた（図17.2）。ITシステムは左脳的（論理的）な仕組みだから、右脳的なマーケティング手法が主体の日本では、ITを組み合わせることに多少無理があった。これまでマーケティング分野でITが本格的に利用されなかった遠因が、ここにあるかもしれない。

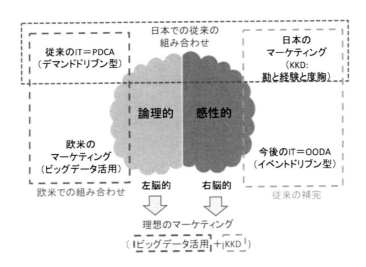

図17.2　マーケティングとITの組み合わせ

　これに対し米国では、左脳的なマーケティング手法に左脳的なITシステム

を組み合わせるというスムーズな流れができている。ビッグデータを分析した結果を採り入れようというのも左脳的な方法が定着している現れだろう。

しかしながらIoTが広がる今後は、左脳的だったITシステムがイベントドリブン型／エモーションドリブン型という右脳的に変化していく。そうなれば、日本的な右脳的マーケティング手法にも、右脳的なITシステムを組み合わせられるようになる。

現在日本では、国立大学は理系を、私立大学は文系を強化する流れが垣間見られる。だが、IoT時代のシステム活用においては、感性的な右脳と論理的な左脳との両面からのアプローチが、理系／文系を問わず求められることだろう。

18章では、IoT編のまとめとして、IoTによる未来への可能性を見てみることにする。

第18章
IoTが実現する社会に向けた戦略を確立せよ

17章では、IoT（Internet of Things:モノのインターネット）によるシステム化により関連性が深くなるロボットや人工知能について考察した。第18章ではIoTのまとめとして、将来への可能性を改めて見てみる。

IoT（Internet of Things:モノのインターネット）の将来への可能性を考えるために、まずはIoTの基盤として不可欠なモビリティに注目してみよう。『13章　IoT時代のシステム構築はイベントドリブン型になる』で述べたように、モビリティは「SMBC（Social、Mobile、BigData、Cloud）」あるいは「SMACS（Social、Mobile、Analytics、Cloud、Security）」における大きなテーマの1つだ。

モビリティの観点から見たトレンドを以下に挙げる。

トレンド1：ドローン
　米Amazonや米Googleはドローン（Drone：無人航空機）に注目している。「小型無人配達機」とも言われ、重さ約2.2kgの荷物を16km圏内にまで配達できる機種もある。折り紙を使ったドローンも登場した。元空軍パイロットのシェイ・ゴイタイン氏が開発する「POWER UP3.0」という製品だ。価格は50ドルで、プロペラとセンサーを付け、スマートフォンで操作する。クラウドファンディングで120万ドル調達し、2万1412人が出資したという。

　ドローンの導入は、技術的な課題に加え、例えば米国では連邦航空局の認可が必要なことなどから2020年前後であろう。最近は商用無人機を規制する動

きもあり、使用ライセンス料がコスト負担になり推進の足かせになるかもしれない。

トレンド2：ウェアラブル

メガネ型やリストバンド型、腕時計型、服に装着したタイプやスポーツ用品、コンタクトレンズ、電子皮膚、デジタル錠剤と、ウェアラブルデバイスには際限がない。

トレンド3：センサー

光（赤外線など）、日射、電波（ミリ波レーダーなど）、音波（超音波など）、音感、熱（温度・流量・電流）、磁気、物理（加速度・角速度・圧力・タッチ）、化学（ガス・水素・酸素など）、生体（DNAなど）、カメラ情報（センサーカメラ、ビューカメラ）など、様々なセンサーが注目されている（関連記事『16章　IoTでデータを再集中させるセンサーの課題が未解決』）。

トレンド4：M（Mobile）コマース

Eコマースの時代からMコマースへの移行を後押ししているのがIoT技術である。オムニチャネル、O2O（Online to Offline）など、バーチャル店舗と実店舗の連携が進む中で、求められる技術や手法も変化している。ASO（App Store Optimization）やレコメンドなど、Mコマースならではの考え方がモビリティでは"常識"になる。

トレンド5：交通情報

超音波と赤外線を利用して位置情報を交換する技術が交通情報システムに使われるようになるだろう。同技術は既にロボットで使われ始めている。

トレンド6：フォグコンピューティング（Fog Computing）

クラウドコンピューティング（Cloud Computing）をネットワークの隅々にまで展開させるための新たな仕組みである。センサーで取得したデータのすべてをクラウドに一極集中させるのではなく、データの発生地点に近いところにある小さなクラウド＝フォグ（Fog：霧）で集約し、リアルタイム処理が必

要なデータはフォグで、蓄積が必要なデータは選別しクラウドに送るといった利用方法が想定されている。大量のセンサーデータが発生する将来に向けては必要な基盤技術になるだろう。

同様の考えから、自動車にルーターを搭載し、構成部品に取り付けたセンサーからのデータを収集・活用する動きもある。安心・安全への一方策として、米国では既に、新型車のタイヤにはセンサーを内蔵し、空気圧を無線で車載コンピューターに送信している。

18.1　デマンドドリブンとイベントドリブンが融合

『13章　IoT時代のシステム構築はイベントドリブン型になる』、『15章 IoTが導く第3のドリブンは"エモーション（感情）"』など、これまでにも何度か、システム構築スタイルにはデマンドドリブン型、イベントドリブン型、そして今後のエモーションドリブン型があると指摘してきた。従来のITは、単純なデマンドドリブン型である。

　これに対し、IoTによって実現されるのは、デマンドドリブン型とイベントドリブン型が融合した仕組みだ。個々の人々に対して、より最適なモノやプロセスなどを提案する究極の1 on 1の社会を具現化できる。M2M（Machine to Machine）であれば、機械に最適なプロセスを提案することになる。しかし、デマンドドリブン型とイベントドリブン型では、システムアーキテクチャーが180度異なる（図18.1）。

　デマンドドリブン型では、扱うデータは静的で、企業が蓄積したデータが中心だ。開発手法はWater Fall型で、開発は比較的容易だが後戻りが難しい。ビジネスルールとコンピューターロジックが一緒になっているため変更が大変である。プロセスは、PDCA（Plan、Do、Check、Act）で回す。考え方は、開発者の俗人的スキルにどうしても依存してしまう。

　一方、イベントドリブン型では、扱うデータは動的であり、企業外にあるデータも活用する。開発手法は、運用しながら開発を続けるDevOps（Development & Operations）型になり、ビジネスルールとコンピューターロジックの切り

比較項目	デマンドドリブン型	イベントドリブン型
扱うデータ	蓄積しているデータ	流れているデータ
開発手法	Water Fall型	DevOps型
分析手法	BI(Business Intelligence)ベース	BA(Business Analytics)ベース
プロセス	PDCA(Plan、Do、Check、Action)	OODA(Observe、Orient、Decide、Act)
開発アルゴリズム	属人的	科学的

図18.1　デマンドドリブン型とイベントドリブン型のアーキテクチャーの違い

離しが容易になる。計画を立てても予定通りには進まない現代にあって、もはやPDCAのみでは役に立たない。

これからのプロセスは、OODA（Observe、Orient、Decide、Act）の流れで柔軟に対処しなければならない。OODAでは、常に動向を監視（Observe）しておき、ここぞという時に標的を定め（Orient）て、決定（Decide）し、アクションを取る（Act）。

18.2　ビジネス含め科学的アプローチが主流に

こうした変化は既に現実になっている。例えば、製造業では従来、PDCAの考え方で行動してきた。大量生産により多くの在庫を持ち、それが売れることを期待し待ってきた。それが今は、OODAの考え方により、まずは最小ロットで始め、商品の売れ行きをモニターして、売れ行きに併せて修正し、商品の改良版を迅速に出そうとしている。

仮に商品の売れ行きが良くないときは、販売方法の変更や在庫調整だけでなく、商品そのものも臨機応変に少しだけ改良する方法が採用されるようになっている。まさに、イベントドリブン型のシステムである。金融でも、ヘッジファンドの投資手法の中にイベントドリブン型がある。M＆Aや再編、提携、協業など企業の流れを変える大きなイベントが発生することを予想してポ

ジションを取る運用手法である。

イベントドリブン型では、ビジネスの展開含め、あらゆる考え方は科学的なアプローチ／アルゴリズムを必要とするようになる。その1例がベイズ理論だ。クラウド事業者や通販会社がよく使っている。ネット上で顧客が検索した結果に基づいてメールを送ると、商品を購入する確率が上がるであろうと恣意的な設定をする方法である。もう1つの例がフェルミ推定。把握が難しい数量を何らかの推定によって短時間で概数を求める手法だ。

アーキテクチャーを考える上では、市場の変動を知らねばならない。市場では、もはや正規分布は有効ではない。正規分布のみに基づいて分析し、莫大な利益を上げてきた金融ファンドが、理論上めったに起こらないような変動により巨額の損失を出し破たんした例がある。今後は、正規分布では分析しきれないケタ違いの変動を表す、べき分布が有効になってくるだろう。

18.3　ICTの発展が、これからの社会を切り拓く

本書では、IT（Information Technology）とICT（Information Communication Technology）の2つの用語をあまり厳密に定義せずに使っている。あえて区別するならば、クラウドとGRC、ビッグデータだけならITという用語が適している。それらにIoTの要素を入れてようやくICTの用語がしっくりくるように感じるのは筆者だけだろうか。

今後のICTの進化は、これまでのITの進化とは大きく異なっている。例えば、コンピューターのサイズは2020年に「ゼロ」へと近づくとされる。既に14ナノメートルのチップが発表され、5ナノメートルまで見通しがついている。将来は、原子12個分（0.1ナノメートル × 12）で、あらゆるものがコンピューターになるという。建物や、乗り物、容器、道路、家具、衣服、コンタクトレンズ、身体の一部、土壌の肥料までもだ。「メムコンピューター」という考えもある、簡単に言えば、計算と記憶を同じ素子で実行する仕組みだ。通常、電子回路は3つの素子を使っている。レジスター、コンデンサー、インダクターだ。レジスターで電流を抑え、コンデンサーで静電気を貯め、インダクターで電流を磁場に変える。ただ電源を切ると、各素子が元の状態に戻る。こ

れに対しメムコンピューターでは、素子は電源を切った後も状態を維持できるため、計算が飛躍的に速くなる。

こうした基盤技術をテコにすれば、IoTによるエモーションドリブン型システムは、将来的には「Brain Computing（脳科学に基づくコンピューティング）」へとつながる日も近いであろう。そうれば、手入力や音声入力だけでなく、臭いや、味、触感、目で見たもの、そして頭で考えたことがコンピューターを経由して、他の人やモノと連携していく（図18.2）。

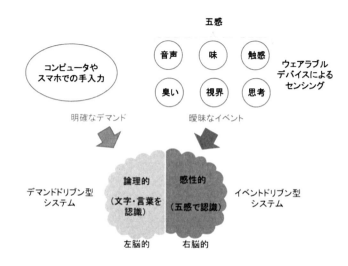

図 18.2　Brain Computing による五感への対応

実際、コンピューターでは扱えないとされてきた香りについては、米ハーバード大学の教授がスマホで遠隔地へ運ぶ技術を開発し、事業化に向けた資金を調達した。プリンターインクのようなカートリッジを用意し、香りを数値化してITで扱うというもの。同様の発想で、味についても実現できることだろう。

量子コンピューターと相まって、従来できないと言われていた領域にICTは進んでいくことになる。そうすれば、人の衣食住すべてにIoTは融合し、新しい社会を創造することになる。そのためには、企業や国・地方自治体は、IoTに対応したグローバル時代のICT戦略を確立しなければならない。本書

が、IoTによる新しい社会を切り開く未来への提言になれば幸いである。

第4部

GRC（Governance、Risk Management、Compliance）をどうとらえるべきか

第19章
グローバル視点でみた「GRC」の光と影

　2020年を見据えた「グローバル企業のIT戦略」において、クラウドやビックデータ、IoT（Internet of Things：モノのインターネット）に並ぶ、もう1つの重要キーワードが「GRC（Governance、Risk Management、Compliance）」である。GRCの観点から、グローバルトレンドを見ていく。

　2013年、出雲大社で60年ぶり、伊勢神宮では20年ぶりの出来事があったことは、読者もご存じだろう。本殿・社殿の遷宮である。これは、技術＝テクノロジーの伝承と密接な関係がある。宮大工の技術継承という目的があるからだ。
　ただ、伊勢神宮は余分なコストがかかるという「リスク」を承知で、痛んだ個所を修繕するのではなく、20年に一度、新しく建物を作り直す。これに対し、出雲大社は、可能な限り古い材料を活かし、趣を重視した遷宮を実施する。技術継承の目的は同じでも、こうした違いがあるのは興味深い。一方、エジプトのピラミッドのテーマは、技術伝承ではなく、いかにハードウェアを長持ちさせるかである。国内外で方法に違いはあるが、いずれもが信仰に即した取り組みだ。現在流にいえば、「コンプライアンス」を守り、信仰対象の「ガバナンス」を取る手法である。
　伊勢神宮の遷宮などに現れる3つのキーワード、「ガバナンス（Governance）」と「リスク（Risk management）」「コンプライアンス（Compliance）」の頭文字を取ったものが「GRC」である。(図19.1)

Cloud Computing	GRC	Big Data
- 統合化（Consolidate） - 標準化 - BCP/DR - ファイルシステム - 自動化 - サービス - Web1.0/2.0/3.0	- ID管理 - インフラ - 情報 - セキュリティ - BIA（ビジネスインパクト分析） - ビジネスモデル	- Volume（大量） - Variety（多種） - Velocity（鮮度） - Value（高価値） ※4つのV - データ収集 - データ分析 - 方法論

図 19.1　ICT 業界における 3 つの大きな波

　GRC という用語は、IT 業界においては 2007 年頃から、独 SAP や米 Oracle といった ERP（Enterprise Resource Planning：統合基幹業務システム）ベンダーが使い始めた。GRC を自動車に例え、単なる経営の "ブレーキ" とする誤解がある。だが実際は、パフォーマンス向上、グローバル経営、新ビジネス創造、事業継続など "アクセル" の機能が少なくない。

　最近は、企業の IT 部門の方々からは、「海外で買収した会社や現地法人の扱いに苦心している」といった声を聞く機会が増えた。IT 活用が、それほど進んでいない国や、設計・ポリシーが不明確な企業の場合は、日本からのコントロールは容易だが、欧米、特に、米国では日本からガバナンスを効かせるのは困難だという。彼らの IT が、日本企業よりも明確な考え方に沿って構築・運用されているからだ。その背景には、日本のシステムが、「なぜそうなっているのか」という理屈を明確に説明できないことがある。

　グローバル企業の IT 戦略では、GRC の本質を知ることがとても大切になってくる。第 4 部では GRC に関して、「GRC の本質」「リスクと対策」「信頼性の考え方」「ビジネスモデルとアプローチ方法」「英語の価値とグローバルな能力」「日本とアジアの成長力の差」の 6 つの視点から説明していきたい。19 章では、GRC の本質をお伝えしたい。

　GRC の本質を理解するための 4 つのキーワードを紹介する。「4 つのリスク」「不正のトライアングル」「個人情報の扱い」「権限者と証拠」である。

19.1　GRCのキーワード1：4つのリスク

経営学者のピーター・ドラッカー氏は、リスクを4種類に分けている。(1) 負うべきリスク、(2) 負えるリスク、(3) 負えないリスク、(4) 負わないことによるリスクである（図 19.2）。これらを筆者流にアレンジすると、次のように解釈できる。

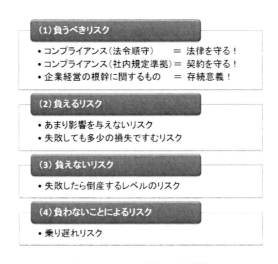

図 19.2　4つあるリスクの種類

負うべきリスクには、3つの側面がある。1つは、法律を守る、すなわち法令順守という意味でのコンプライアンスである。2つ目は、法律にはないが、定められた契約を守ること。例えば、社内規定に準拠するなどだ。

そして最後は、企業経営の根幹に関するもので、会社の存在意義そのものである。創薬の世界では、新薬開発に成功する確率は、わずかに 0.002% だ。それでも多額の投資をして開発を続けている。これが、負うべきリスクである。この確率こそがリスクの根幹だ。確率を予測し、将来に備えなければならない。

負えるリスクは、何かあった場合でもインパクトが少ないものである。失敗

しても多少の損失で済む。これに対し、負えないリスクは、何かあれば会社が倒産するほどに衝撃が強いものである。新市場で成功しても、その成功を継続できないということも、負えないリスクに含まれる。ベンチャー企業が、後からやってくる大企業の単なる水先案内人に終わるなどは、この一例だろう。

　負わないことによるリスクは、乗り遅れリスクとも言われる。そのリスクを取らないことで他社に市場を奪われてしまうなどだ。社内で稟議を回すのに時間がかかり、決定にちゅうちょする場合が主な原因である。これらリスクにどう対処していくかがGRCの基本になる。

19.2　GRCのキーワード2：不正のトライアングル

　コンプライアンスの基本になるのが、「不正のトライアングル」である。犯罪倫理学者のドナルド・クレッシ氏が提唱した。一言でいえば、欲望、正当化、機会の3つがそろうと「誰でも不正を起こし得る」ということだ。

　例を示そう。誰かが会社で「出世したい」と考えていたとしよう。取引先である官公庁の責任者に賄賂を贈ることを思いつくと、「これは会社のためだ」と自らを正当化する。そして、そうした機会が訪れ、実際に賄賂を渡してしまう。「出世したい」という欲望、「会社のため」という正当化、そして、その機会がそろったというわけである。

　欲望や正当化をなくすことは不可能に近い。せいぜい研修により、正当化の根拠となる理論を担当者に学ばせる程度だろう。コンプライアンスについても、会社は社員に研修を受けさせている。当然、社員に理解してほしいとかんがえているだろうが、現実には、研修を受講した社員がコンプライアンス違反を起こしても会社は免責になるという側面を認識するべきだ。

　実は世の中には、個人を守る法律は非常に少ない。自動車に乗った時にシートベルト着用を義務付けた道路交通法、そして、経営者を守る日本版SOX法程度である。コンプライアンスの例では、違反した社員のみを罰すれば良く、組織を守る方策であると考えれば理解できるだろう。

　また正当化においても、グローバルトレンドを理解しておく必要がある。例えば、互恵取引。日本企業は、相手の製品を買っているのだから、その見返り

として自社製品を売ろうとする。一見、何の問題もないように思われるかもしれないが、グローバルな基準では、こうした考え方は通用せず、不正とみなされることがある。グローバル企業との取引では要注意だ。

　不正を防ぐ効果的な方法が、モニタリングである。3条件の1つである機会をなくすという考え方だ。例えば現金を扱う場合、グローバルトレンドでは必ず2人で対応する。さらに共謀を防ぐため、映像を録画する。最近、日本でも街中に数多く設置されるようになった防犯カメラもモニタリングに当たる。

19.3　GRCのキーワード3：個人情報の扱い

　世界でコンプライアンスに一番厳しいのはEUだ。第2次世界大戦中の苦い経験が背景にある。そのため個人情報を扱う場合、EUでは事前に許可を得なければならない。専門用語で「オプトイン（事前の許可）」という。

　これに対し米国は、ビジネス重視だ。戦後、事業者が欧州の消費者へ大量のダイレクトメールを出したことからも分かる。米国での個人情報の扱いは、事前の許可は不要で、後から申し出があれば個人情報を削除する「オプトアウト（脱退）」が基本である。

　一方で日本は、中途半端で、個人情報については解釈がバラバラだ。可能な限りオプトインで済ませたいと言ったところだろう。SOX法にしても、大雑把な言い方ではあるが、コンプライアンスに弱い国が積極的にSOXを採用してきたとも言える。個人情報やプライバシーに対し、EUのようにコンプライアンス重視なのか、米国のようにビジネス重視なのかといった割り切りができていない。

　日本は、この割り切りが必要だ。実は米国は、EUデータ保護規則の"例外国"になっている。米商務省が中心になって「セーフハーバー原則」を作り、EU指令が求める「適切な保護レベル」に米国企業があることをEUに認めさせたのだ。その交渉は2年にも及んだ。米国企業は、セーフハーバー原則という自主規制を順守することを自己宣言する。自己宣言した企業を商務省が認証し、企業名を「セーフハーバーリスト (https://safeharbor.export.gov/list.aspx)」に公示している。

米国とEUは、喧嘩をしているように見えて実は、妥協の末に、両者のみが利益を得る歴史を繰り返してきた。歩調を合わせるかのように、2012年初めには、それぞれが個人情報に関する規制を厳しくする草案を出している。米国は、「消費者プライバシー権利章典」、EUは「一般データ保護規則」（2018年の規則発効が決定）である。

19.4　GRCのキーワード4：権限者と証拠

権限者と証拠について、日本には過去苦い経験がある。明治4年（1871年）に日本を後にアメリカを訪問した岩倉具視使節団である。アメリカ訪問の目的の1つは不平等条約改正の予備交渉だった。太平洋を渡り、サンフランシスコに着き、大陸横断鉄道（1869年開通）を利用しての移動では、各地で予想外の友好的な大歓迎を受けた。

ところが翌年、ワシントンDCを訪れると、使節団は明治政府の正式な「権限者」ではないことを指摘される。その代理であることの「証拠」も持っていなかった。全権委任状を取るために大久保利通と伊藤博文が日本に戻り、ワシントンDCを再度訪問せざるを得なかった。予定が大幅に伸び、アメリカ滞在は8カ月にも及んだ。「歓迎・友好関係と政治・外交は全く違う」ことを思い知らされたのだ。

ここで重要なことは、権限者であることの責任の重さと、証拠の大切さである。これは、GRCも全く同じだ。会社でいえば、権限者、つまり責任者は、すべてを把握する必要がある。IT部門も同様に、IT部門長はITに関することをすべて把握していなければならない。

日本では2002年以降、某裁判の判決によって、責任者は「知らないでは済まされない！」ということが、内部統制の基になった。大きな権限があると同時に責任も重い。善管注意義務違反、忠実義務違反など法令を順守しなければならない。グローバルでは元々、知らないでは済まされない。この対応を間違えると多額のお金と時間が必要になる。

19.5　明治維新から続くグローバル化の光と影

　この岩倉使節団は、我々が現代を生き抜くうえでも非常に参考になる経験をしている。アメリカで政治・外交の厳しい現実を思い知らされただけでなく、次に渡ったヨーロッパでも、似たような苦い経験に遭遇しているのだ。
　アメリカ訪問の後、大西洋を越えてイギリスに渡る。そこで、現在の価値で2億～5億円を銀行に預けるのだが、その銀行が破綻する。また夜、街を出歩くと、昼間には気付かなかったホームレスを多数見かけている。
　またドイツでは、他国に勝つための戦略の重要性を悟る。これが後の富国強兵や殖産興業に影響を及ぼした。グローバル化の"影"の部分をイギリスで知り、"光"の部分をドイツで体感したことになる。陰と光が、GRCでいえば、リスクとビジネス機会（Opportunity）になる。
　岩倉使節団はヨーロッパからの帰途、スエズ運河を通って、アジア各地を回っている。このスエズ運河は、使節団が日本を発つ2年前（1869年）に開通したばかりであり、それは奇しくもアメリカ横断鉄道の開通年でもある。日本は、テクノロジーの面でもグローバル化に対応せざるを得なかった。
　現代のIT事情は、当時のグローバル化によく似ている。2006年にクラウド、2007年にビッグデータという言葉が生まれ、企業はこれらをどう企業戦略に取り込んでいくかを問われている。明治時代のグローバル化では鉄道や運河といった社会インフラが重要だったのに対し、現代のグローバル化はクラウドやビッグデータというITインフラが重要になっていることもまた興味深い（図19.3）。
　明治維新が、「歓迎・友好関係と政治・外交の厳しさ」「戦略の重要性と破綻」といった「光と影」を糧にしたように、現在のITをグローバル化していくうえでは、GRCの光と影を大いに参考にすべきだろう。

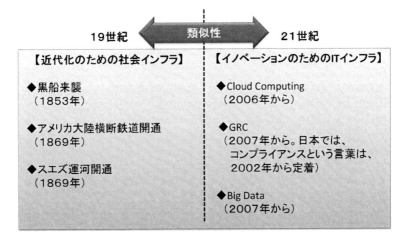

図 19.3　グローバル化は今も昔もインフラから

第20章
リスク管理はガバナンスのためにある

「GRC（Governance、Risk management、Compliance）」の観点から、IT戦略における日本と世界の差異を見極めていく。以下では、GRCの"影"の部分であるリスクの本質を知り、グローバル企業として、その対応策となるITガバナンスの取り方を考えてみたい。

グローバル経営の基本は、リスク管理にあるとされる。リスクと混同しがちな言葉が「危機」だ。危機とは、すでに起こったトラブルである。これに対しリスクは、今後起こりうるものだ。このリスクを作り出す環境や原因が「ハザード」である。

20.1　日本人は「リスクが嫌い？！」

危機とリスクが異なるように、危機管理とリスク管理では、図20.1に示すように、それぞれの目的が異なっている。危機管理は、起こってしまったトラブルの影響を最小化することで、リスク管理は、将来起こる可能性があるハザードの要因を取り除くことだ。

両者は数年前までは混同されることが少なくなかった。だが2011年3月11日の東日本大震災以後は、危機管理やリスク管理の内容に触れる機会が増えたからか、基本的な認知はずいぶんと広がっている。

しかし、日本でもグローバルでも、危機の認識に大きな違いはないが、リス

危機管理		リスク管理
すでに起こったトラブルの影響を最小化	目的	今後起こりうるハザード*への対策
自ら起こした場合は、「ハインリッヒの法則」に沿って、大事故に関与したすべてのヒヤリハットを潰す。 他で起った大事故・大事件に対し「BIA（Business Impact Analysis）」を実施する	対策	「トップダウン・リスク・アプローチ」の観点で、重要な上位20%の事項を検査する。 モニタリングが基本
全件検査	対象	抽出検査
悪い例：事故後に抽出検査を実施したが、後で検査漏れの中から発見 良い事例：一定期間、当該ビジネスを停止	事例	IT業界では、J-SOXが初
信頼性（＝完全性×正確性×正当性） マニュアル整備（例えば、謝り方にも作法がある）	補足	不正のトライアングル（欲望、正当化、機会）～機会をモニタリング

＊ハザード：リスクを作り出す環境・要因・原因

図 20.1　危機管理とリスク管理では目的が異なる

クの認識は全く異なっている。日本でリスクといえば、危険な要素とだけに見なされがちであるが、グローバルでは背後に「機会（Opportunity）」があると解釈されることがある。

一般に、日本人は「リスクが嫌い」と言えるだろう。例えば、個人の金融資産の内訳をみても、日本のリスク資産は 10 %（株式・出資金 6 %、投資信託 4 %）なのに対し、米国のそれは 44 %（株式・出資金 32 %、投資信託 12 %）にもなっている。この差が 2014 年に始まった「NISA（少額投資非課税制度）」導入の根拠になっている。積極的にリスクを取りたがらないが、法律で強制的あるいは税制優遇が受けられれば対応するというわけだ。

IT についても同様に、リスクを避ける傾向が、日本では他国よりも強いといえそうだ。そこで、危機とリスクの違いを改めて整理し、GRC（Governance、Risk management、Compliance）の境界線、グローバル企業としての IT ガバナンスの順に見てみよう。

20.2　危機管理もリスク管理も継続的な取り組みが重要

　まず、危機管理のポイントは、事件や事故の収束を図るものの、それらが収束したからといって、そこで手を止めてはならないということにある。自ら起こした事件／事故の場合、「1つの重大事故の背後には軽微な事故が29件あり、その背後には300件の異常が存在する」というハインリッヒの法則に則り、大事故・大事件に関与したと思われるすべての"ヒヤリハット（異常）"を1つずつ潰すしかない。要は、全件検査である。

　運よく、自らは起こさなかったが、似たような業界内で起きた大事故・大事件に対しては、BIA（Business Impact Analysis）を実施する。ビジネスの世界で良く計算するROI（Return On Investment：投資対効果）に対する危機管理版だ。BIAでは、該当する事故や事件が、自らの会社に起きたとすれば、どの程度の影響が及ぶかを、金銭的な影響だけでなく、社会的な影響も考えて算出する。

　一方リスク管理では、まだ起こっていない事象を検討するため、時間的な余裕がある。なのでリスク管理の第1歩は、リスクマップの作成になる。横軸に発生可能性、縦軸に影響度を取り、他社で起きた「危機」を参考にしながらマッピングする。そこでは、ハインリッヒの法則で出てくるヒヤリハットが、どんな重大な事件・事故につながるかという想像力が必要になる。

　リスク管理におけるコントロールとは、図20.2において、◇の四角形の領域にあるリスクを軽減し、濃い灰色の八角形の領域に持ってくることである。それでも灰色領域に残った上位20％に対し、徹底的にチェックする。これを「トップダウン・リスク・アプローチ」と言う。こうしたことから、リスク管理のポイントは、常時モニタリングすることになる。

20.3　リスク管理とガバナンス/コンプライアンスの境界線

　このリスク管理と、GRCの他の2項目であるガバナンスとコンプライアンスとの境界線はどこにあるのだろうか。

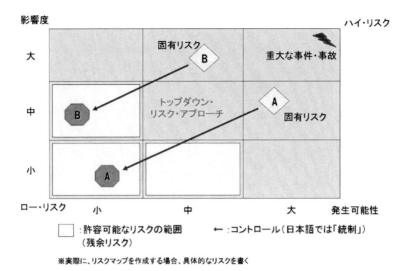

図 20.2　リスクマップにみるリスクコントロール

　ガバナンスは最近、色々な局面で使われている。IT ガバナンス、不動産ガバナンスなどだ。ガバナンスが一番効いた会社や組織はどこかといえば、全社員の顔を社長が知っていて、社長自らも商品を作るような会社／組織である。この条件でいけば、手作り豆腐の店や有機野菜を自ら売っている農家などが、身近にある例だ。

　ただ、豆腐屋は最近、廃業が相次いでおり、ガバナンスが効いているとは言いがたくなってきた。ガバナンスは、ビジネスの継続性を確保するためにある。それが継続できないようではガバナンスが効いていないことになるからだ。

　一方、日本でコンプライアンスという言葉が登場したのは、2002 年に発生したある事故がきっかけだ。図 20.3 に示すように、企業にとってのコンプライアンスの基本は、会社法と、狭い意味での日本版 SOX 法である。日本版 SOX 法は、COSO（the Committee of Sponsoring Organizations of the Treadway Commission）のフレームワークに準拠している。

　コンプライアンスの領域に、企業が持つ資産の保全、および業務の有効性や効率性の向上を加えるとリスク管理になる。当然、DR（Disaster Recovery：

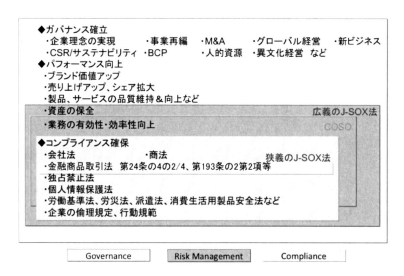

図 20.3　GRC の 3 要素の境界線

災害対策）もリスク管理の領域だ。ガバナンスは、その上で、パフォーマンス向上と事業再編、M＆A（企業の統合・買収）、グローバル経営、新ビジネスやサステナビリティ、すなわち持続継続性と BCP が入る。そして、これらに即した IT 戦略が必要になる。

　ここで 1 点注意したいのが、「コンプライアンスによるリスク」だ。個人情報保護法は、密結合を良しとしてきた日本の社会から名簿を消し去り、委縮した疎結合の社会に変えてしまった。法律には、疎結合な社会を作る意図はなくても、過剰反応により新しいリスクが生まれてしまった典型的な例と言えよう。本質を見抜き、日本独自の密結合的な社会の中で、過剰反応ではない適切なコンプライアンスを実現したい。

　ちなみに、米国で内部統制（Internal Control、GRC の一部）に関して頻繁に出る用語に、「Class Action（共同訴訟）」「Accountability（説明責任）」「Cost Benefit（費用便益）」「Fraud（詐欺行為）」がある。いずれもリスクとその対策に深い関係があり、グローバルビジネスにおける基本用語である。

20.4　グローバル企業としての IT ガバナンスを考える

いよいよ IT ガバナンスである。最近は、「グローバル化に伴う種々のリスクに対し、IT ガバナンスを効かせたい」という相談が増えている。2013 年以前の円高フェーズに、海外の企業を買収した企業も多いからだろう。海外子会社を持てば、グローバルな種々のリスクが新たに発生している。ただ海外に子会社や現地法人がなくても、グローバル化の波は避けられないため、IT ガバナンスについては常にグローバル企業として考えなければならない。海外企業を含めた IT ガバナンスの進め方は、以下の 5 つのフェーズを踏む（図 20.4）。

	フェーズ1	フェーズ2	フェーズ3	フェーズ4	フェーズ5
アーキテクチャー	集約化	簡易化	標準化	自動化	共有化
IT システム	物理統合	仮想化	論理統合	監視	最適化

図 20.4　IT ガバナンスを進めるための 5 つのフェーズ

しかし、具体的な進め方は、(1) 子会社のほうが IT が遅れている場合と、(2) 子会社のほうが IT が進んでいる場合、で変わってくる。

(1) 子会社のほうが、IT が遅れている場合

極力、日本側の IT システムに寄せる。現地ユーザーが日本のシステムを使う場合、課金だけでなく、現地の法制度、特に、現地社員の個人情報の扱いには留意したほうが良い。

ただし、現地の例外規定は極小化し、本社ポリシーを浸透させる。いわゆる、トップダウン方式だ。Cost Benefit（費用便益）が重要で、子会社にとってもコスト削減が図れることを強調する。

日本側システムに寄せた場合、運用を開始するとネットワーク遅延などの関係で、当初は現地でのレスポンスが悪いなどクレームが増える。そのため、ヘルプデスク対応は不可欠だ。課題点を拾いながら、日本のシステムに慣れてもらい、徐々にパフォーマンスを上げていく。

（2）子会社のほうが、IT が進んでいる場合

　IT リテラシーが高い子会社に、本社の IT ガバナンスを効かせるためには、合理的な説明ができるかどうかが鍵を握る。理屈の通った方法で話し合い、残すべき IT システムを選択する。いずれかに寄せず、両方を残して連携させるほうが現実的な場合も多い。

　子会社の IT リテラシーが高い場合、現地スタッフのプライドも高い。彼らを尊重したうえで、相互に理解していくボトムアップ方式を採る。「agree to disagree（両者に相違点があることを相互に理解する）」の考えで進める。相互の人事交流も有効だ。Accountability（説明責任）が重要で、親会社に合理的な説明が求められる。

20.5　進行度は成熟度でチェック

　親会社と子会社の IT について、どちらが進んでいるかを知るためには、成熟度をチェックすれば良い。手慣れた手法があれば、それで構わないが、実質的には「COBIT（Control Objectives for Information and related Technology）」などが参考になる。その結果を参考にアクションを決める。

　成熟度チェックをしない場合は、本社の方針でトップダウン型かボトムアップ型かを決める。ただし、グローバルに一律に決めるのではなく、米国や、欧州、アジア、中国などに分けて、それぞれに対し考えることも必要である。例えば、米国と欧州はボトムアップ型、アジアはトップダウン型などだ。その場合も、各地域は GRC の考えで評価する。一例として、実際にコンサルテーションをした際の評価基準を示す。

- **G:ガバナンス**：社会貢献（日本への貢献という視点）、グローバル化、新しいビジネス市場、民主化度、人間開発指数、ブランド価値（データセンターを持っている優位性）、新日度合などの観点
- **R:リスク管理**：自然災害、地理的条件、電力、人材、人件費、交通アクセス、カントリーリスクなどの観点
- **C:コンプライアンス**：EU データ保護規則、SOX、政府からの規制、

フィッシング対策、個人情報保護法などの観点

20.6 IT ガバナンスを進めるための "IT 三種の神器"

グローバルに IT ガバナンスを浸透させるためには、基本的に次の 3 つの IT インフラを整備したい。(1) Hybrid Cloud 化、(2) メールシステムの統合、(3) ビデオ会議の導入である。

(1) Hybrid Cloud 化

クラウドを当初、コスト削減を目的に導入した企業も、グローバル化の波の中ではクラウド戦略の再考を余儀なくされている。その場合、企業が進出する海外現地にもデータセンターを持つパブリッククラウド事業者を使うかどうかがポイントになる。

日本のプライベートクラウドと海外のパブリッククラウドの連携を、企業の方針となる IT ロードマップに書き入れなければならない。それには標準化が必要だ。バラバラなクラウド環境ではなく、アーキテクチャー上、連携の取りやすい Hybrid Cloud 化を目指す（関連記事『Hybrid Cloud に求められる「3+2+5」の要件と GRC(http://it.impressbm.co.jp/articles/-/10996)』『Hybrid Cloud を実現するための技術ポイント (http://it.impressbm.co.jp/articles/-/10990)』)。

(2) メールシステムの統合

海外子会社から日本のメールシステムに乗り入れる方法と、子会社が持つ海外メールシステムと日本のメールシステムを連携させる方法の 2 通りは考えたい。両方をメニューに持ち、本社の方針で決めるか、現地法人に選ばせる。乗り入れの場合は、現地法人にも受益者負担させるように、利用に応じた課金（チャージバック）の考えも採り入れる。

(3) ビデオ会議の導入

　電話とメールだけでは、地理的に離れた人の真意は掴めないことも多い。ビデオ会議システムはグローバル化には必須である。ユーザー環境における利便性や効率向上による最適化に重きを置くかどうかを含め、社内のコミュニケーションレベルを把握したうえで、目標を定めたい。

　コミュニケーションレベルは、Basic Level（基本的なレベル）、Converged Level／Unified Level（統合されたレベル）、Optimized Level（最適化されたレベル）が目安である。これにより、単に電話などをIP化するか、テクノロジー主導で音声やデータ、ビデオを統合するかなども決める。

　ここまで、リスクとその対策をみてきた。リスクをコントロールするうえでは、その方法に信頼性を与えることがGRCの心臓部になる。

第21章
グローバルな信頼性はアーキテクチャーを求める

　IT戦略における日本と世界の差異を見極めるための観点として、「GRC（Governance、Risk Management、Compliance）」の中でも、以下では、信頼性について考えてみよう。

　企業の根源は、やはり「信頼性」にあると筆者は考える。では、信頼性とは、どう定義すべきだろうか。筆者オリジナルの一例を挙げる。ある打ち合わせがあり、100人分のランチボックス（弁当）を手配しなければならない。そのため、ケータリング業者に、ランチボックスを頼んだ場面をイメージしてほしい。

　ケータリング業者から届いたランチボックスをチェックしてみると、99個しかない。これが「完全性」がないということだ。次に中を開けてみると、何個かは中身のおかずが1種類少なかった。これは「正確性」がないという（図21.1）。

　このケータリング業者のランチボックスは、口コミでは「良い」という評判だった。だが、実際に食べてみると、どこか美味しくないし、その味であるならば価格が高い。口コミを参考にしたというのが、「社会通念」で、シェフの腕前に対して、「美味しくない」と判断しているのが「経験則」である。商品価値（ここでは味やボリュームなど）に対し値段が妥当かどうかを決めるのは「合理性」だ。

　さて、このランチボックスを食べた何人かは腹具合が悪くなった。こうしたことが起こらないようにするには保健所などによる外部のチェックが必要だ。このチェックが「客観性」である。そして、社会通念と経験則、合理性、客観

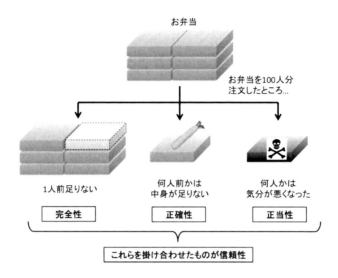

図 21.1　信頼性は、複数の評価基準の積算で成り立っている

性の4つを合わせたものを「正当性」と呼ぶ。

　そして、安全性と正確性、および正当性を掛け合わせたものが、信頼性だと定義できる。

- 信頼性 ＝ 完全性 × 正確性 × 正当性
- 正当性 ＝ 経験則 ＋ 合理性 ＋ 客観性 ＋ 社会通念

　ITにおける信頼性も、まさに同じである。1つの漏れもなく処理し【完全性】、その1つずつが正しく処理され【正確性】、そのための仕組みについて経験を積んだ企業や人が作る【正当性】のだ。

　ただし、他と比べて異常に価格が高くても無料提供でも駄目で、適正な価格でなければならない【合理性】。外部のコンサルタントが関与していること【客観性】や、その道のエキスパートであること【経験則】も問われる。システム化している内容が、周りのユーザー企業と余りにかい離していないかどうかの確認も大切である【社会通念】。

　このように見れば、信頼性が高いITシステムを構築するためには、アーキテクチャーが必要なことが分かる。これが、グローバルな考え方である。

21.1 クラウドで取り戻せた密結合のアーキテクチャー

　信頼性を確保するために、ITは、この50年間提供されてきたといえる。IBMメインフレームに代表されるプロプライエタリ（独自仕様）な時代は、ITベンダー各社はハードからOS、ミドルウェアまでを密結合なシステムとして提供してきた。しかし、システム拡張時には、前述した「合理性」がなく、ユーザーは真の信頼性を享受できなかった。

　その後、1980年代後半から2000年代前半までのオープンシステムの時代は、システムは疎結合になる。ITベンダー各社はそれぞれが得意とする領域に絞って製品を提供した。米Oracleがデータベース、独SAPがアプリケーション、米Cisco Systemsがネットワーク機器、米IBMがサーバーといった具合である。ここでもユーザー側は、それぞれをつなぐのが大変だった。

　すなわち、アプリケーションやデータベースといった各層が疎結合でできているため、まずそれらをつなぐことに労力を取られた。結果、たとえ業種が異なっていても似通ったシステムしか構築できなかった。

　そこにようやくクラウドが登場する。ITベンダーは、各層を事前につないだ製品を出し、密結合のソリューションを提供するようになった。業種が違えばアーキテクチャーが全く別のシステムを構築できるのである。

　この点は、あまり指摘されていないが、クラウドの一番の功績ではないだろうか。グローバル企業は、待ち望んだ独自のシステムを構築し、他社との差異化を狙っている。クラウド以前は、どうしても差異化ができなかったことが、クラウドなら容易に実現できる。だからこそグローバル企業は、クラウドを経営に活かそうと必死なのだ。

　そんなクラウド時代に、ITベンダーはアーキテクチャーを、どう考えているのだろうか。例えば、IBMやOracleは過去半世紀の間、グローバルに販売してきた莫大なIT資産を、メインフレームや大型UNIXサーバー上に持っている。それらを守るため、「Private Cloud」と呼んでいても実際は、Vendor Lock-in（囲い込み）型のクラウドを提供しているといえる（図21.2）。メインフレームや大型UNIXサーバーから、他社が提供するクラウドへの流出を防ぐための防波堤が、PureSystemsやExadataである。

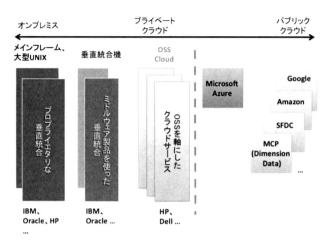

図 21.2　ハイブリッド環境における大手 IT ベンダーの立ち位置

　ただ最近は、これらの 2 社の間にも戦略の違いが見えてきた。Oracle は、買収を繰り返しながら、完全に独自路線を貫いている。これに対し IBM は、OSS（Open Source Software：オープンソースソフトウェア）ベースにシフトし、OSS 環境からメインフレームへの接続性を早期に担保することで、結果として IBM の世界に囲い込もうとしている。

　一方、守るべき IT 資産が少ない IT ベンダーは、OSS 型のクラウドを提供することで、Vendor Lock-in 型クラウドと Public Cloud の両者に対抗している。Public Cloud は、クラウドプロバイダ各社の独自世界なので、自由な発想でシステムを構築できる。Dimension Data が提供する MCP（Managed Cloud Platform）サービスも、Public Cloud タイプだといえる。

21.2　アルゴリズムは疎結合が優位に

　新たに構築するシステムの信頼性を高めるためには、アーキテクチャーに加え、アルゴリズムも大切である。IT ベンダーが提供するサーバーは、それ 1 台で完結するように、アーキテクチャー（設計思想）としては密結合化が進む。
　一方で、複数のサーバーを分散並列処理させれば、ユーザーが作るシステム

のアルゴリズム（問題を解くための一連の手順）は、自らに合うように疎結合化が図れる。これにより、コンピューターロジックとビジネスルールを分離することも容易になった。簡単な例を挙げよう。手元に自分で作ったサイコロがあり、出目の1～6の中で、例えば3が出る確率を求めるシステムを作るとする。このとき、システムの作り方、すなわちアルゴリズムは2つある。

1つは、サイコロの6面を測定して、面積や角度を調べること。これを「解析解」と呼ぶが、密結合のアルゴリズムである。各面が互いに関係しあっており、各面を同時には測定できない。一面ずつ測定しなければならない。グローバルでは、コンピューターシステムの約95％は、この密結合でできている。残りの5％が「疎結合」だ。

さて、サイコロの例で、疎結合のアルゴリズムでは、どうすれば良いか？答えは簡単で、何回もそのサイコロを振ってみることである。1万回振るとして、これを高速かつ高価なコンピューターで実行すると時間がかかる。一方、100台の安いコンピューターなら、1台は100回だけ振れば良いので時間は劇的に早くなる。1000台にすると10回で済むため一層早い。これが、疎結合のアルゴリズムである。

疎結合アルゴリズムの1つに「モンテカルロ法」がある。金融機関のリスク管理や商社の天候デリバティブ等で用いられている。これを従来使われなかった小売業界の顧客分析などに使えば、これまでできなかったことが実現できることは、容易に想像できるだろう。

21.3　コンピューターの世界にも存在する黄金比率

システムを作るうえで、参考にしたいキーワードに「黄金比率」がある。1：1.62がそれで、一番安定していて綺麗な比率だとされる。身近な例では、クレジットカードや名刺などの縦横比率が黄金比になっている。為替の世界でも、円ドル比率で黄金分割という言葉がある。162カ月で大きな流れが変わるというものだ。

その真偽はともかく、美人にも黄金比率がある。顔の縦：目と口の間 = 1：0.36、顔の横幅：目と目の間隔 = 1：0.46、上唇：下唇 = 2：3というものだ。

生まれつきではどうしようもないが、誰でも美人の黄金比率になる方法がある。笑顔にすることだ。

目と口の間（縦）と左右の目じりの間（横）の比率は、子どもの真顔では1：1.67と黄金比率に近い。これに対し、大人が真顔のときの比率は1：1.52なのに対し、笑顔にすると顔が縦に縮むので1：1.71になる（図21.3）。子どもの真顔の比率に近付くため、見た目が若く見えるようになる。

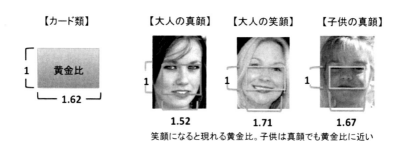

図21.3 自然界をおおう「黄金比」はIT分野にも存在する

コンピューターの世界にも、筆者の経験では黄金比率がある。前述した信頼性の構成要素の1つである正当性を正しく表現すると、以下のようになる。

正当性＝ a × 経験則 ＋ b × 合理性 ＋ c × 客観性 ＋ d × 社会通念

このとき、a＋b＋c＋d＝1.0であり、理想は、a＝b＝c＝dだ。だが、日本ではbの比重が高く、米国ではaとcの比重が高いようだ。

筆者も講演時に一番、気にかけているのが見た目だ。初対面で、大勢を相手

にする場合、その評価は第一印象でほぼ決まる。「メラビアンの法則」と呼ばれるもので、見た目が55％、声が38％、中身はたった7％としか影響しないという。見た目と声を合わせれば93％である。極端に言い換えると、聴講者が100人いたとして、うち93人は見た目と声で印象を決めてしまう。残りたった7人が内容で判断する。ただし、内容が軽視されているわけでなく、逆に見た目と声が悪くても、それを超越する内容があれば問題はない。見た目か声か、あるいは中身のいずれかの好感度を上げることが信頼性につながる。

ITの世界でも同じだ。ITの成果物としては、画面デザイン＝見た目、ユーザーインタフェース＝声、ロジック＝中身と考えれば良いのではないだろうか。それぞれの信頼性が高められれば、ユーザーのIT好感度は増すことになる。メラビアンの法則から見たユーザーIT好感度は、次のようにいえそうだ。

メラビアンの法則から見たユーザーIT好感度
$= 0.55 \times$ 画面デザイン
$+ 0.38 \times$ ユーザーインタフェース
$+ 0.07 \times$ ロジック

21.4　美しさの判断基準を鈍らせる価格と言う尺度

システムを作る際には、いかに綺麗に作るかが大切になる。経験的にも技術者は、綺麗なシステムを作ることで信頼性を高めてきた。2章（2.1の(1)）で触れた完全数も綺麗な数字である。

ただ、システムは綺麗なものが望ましいが、ビジネスとなると話が違う。多少、歪んだもののほうが良く売れる。これは、とても興味深い現象と言えるだろう。例えば、薬の世界では、プラセボ効果という現象がある。患者が本物の薬だと信じ込めば、症状が改善するという。これには、金銭的なものと結びついているという実験結果もある。1錠が10セントの偽薬を飲んだ場合、61％の人が、痛みが和らいだとした。ところが、値段を25倍、すなわち1錠を2ドル50セントにした偽薬を飲んだ人たちは、85％の人が、痛みが和らいだと答えたという。

これは、信頼性に価格が影響するという興味深いデータである。ITの世界でもプラセボ効果はあるようだ。例えば、セキュリティ製品には、安い製品よりも、むしろ高目の製品のほうが売れる傾向がある。ROI（Return On Investment：投資対効果）が図れない世界だからだろうか。

21.5　もはや信頼できない正規分布

従来、自然現象を適格に表しているのが正規分布だとされてきた。平均値の周りにサンプルが集まり、左右の裾野は誤差として数字的な意味がないとする。体重や身長など、正規分布に的確に従っている現象は無数にある。

ところが最近は、予想もしなかった、あり得ない現象で、世界全体が振り回されるようになってきた。米国では上位たった1％の人たちが全資産の40％を占め、ロシアでは上位110人の資産が全体の35％を占める。為替動向や日本の株式も、上位5％の動きがすべてを決め、災害でも1000年に1度しか起こらないような大震災によりすべてが変わる。

もはや正規分布が得意にした95％は信頼できず、むしろ残りの5％が重要になっている。ゲームのようなネット社会でも、有料でプレーしている5％のユーザーが残り95％の無料ユーザーを支えている。では、何が参考のモデルになるのか？答えはベキ分布である。

正規分布の左側は、無数のロングテールである。正規分布の右側は、不定（限られた数）な桁違いの動きである。ここまで来ると、統計学やビッグデータの範疇なので詳細な説明は譲るが、もはや正規分布は市場では信頼できず、誤差である5％のほうが重みを増していることは理解しておくべきだ。

第22章
グローバルにみるビジネスモデルの成功条件

　IT戦略における日本と世界の差異を見極めるための観点として以下では、「GRC（Governance、Risk Management、Compliance）」のG、すなわちガバナンスの視点から攻めるためのビジネスモデルについて考えてみたい。

　ガバナンス（Governance）には、パフォーマンス向上、事業再編、M＆A（Merger ＆ Acquisition：企業の統合・買収）、グローバル経営、新ビジネスやサステナビリティ、すなわち持続継続性も含まれる。当然ながら、これに即したIT戦略やビジネスモデルが必要になる。

　まず、ビジネスモデルを定義してみたい。ビジネスモデルとは、企業が利益を生むための事業の仕組みのことである。そのポイントは3つある。

1. 誰に、どのような価値を提供するか（Who、What）
2. そのために、どんな業務構造や取引先との関係が必要か（How、When、Why）
3. どのような販売ルートと価格設定で、どれだけ収益を上げるか（Where、Which、How much）

22.1　IT構築のアプローチ方法の原点は経営主導

　コンピューターが出現して以来、ITは（1）ビジネスモデル、（2）アプリケーション、（3）ITインフラの3つの構成要素で成り立っている。これら構成要素のどこに目を付けるかで、ITを構築するためのアプローチは異なってくる。

（1）経営アプローチ
　経営者がビジネスモデルを決めて、そこからアプリケーションを考え、最後にITインフラを決めるアプローチである。インターネットが私たちの前に現れる1994年までの主流である。

　インターネット以前は、ITインフラを利用企業に売り込むのは比較的容易だった。ビジネスモデルからアプリケーション、そしてITインフラという流れが潤沢だったからだ。極端な言い方をすると、米IBMや米OracleといったITベンダー各社にすれば、顧客対応のための人さえ置いておけば、売り上げは右肩上がりに伸びた。

　ただし、経営アプローチの流れが活発だったのは、1990年代後半まで。2000年のITバブル崩壊以後は、相当に工夫しないと、ITインフラは売れない時代が訪れる。

（2）インフラアプローチ
　最初に新しいITインフラを導入し、次に、そのITインフラに見合ったビジネスモデルやアプリケーションを構築するアプローチである。1990年代の中頃から、インターネット事業者を中心に広がってくる。その代表が、米Yahoo!や米Googleなどだ。

　かつて「ビジネスモデル特許」という言葉が日本でも流行った時期があった。インターネットが世間一般でも使われるようになった1995年以降、インターネットを使った数々のビジネスモデルが登場し、その特許を競うように申請したものである。ビジネスモデル特許は、ビジネスの方法について、ICTを利用して実現する装置や方法の発明に対して与えられるが、最近は一時期ほど脚光を浴びていない。特に、日本では通常の特許と特段区別されないことも、

その理由の1つだろう。

「クラウドコンピューティング」という言葉が生まれた2006年頃からは、一般企業でも、このインフラアプローチを採用するトレンドが生まれてきた。仮想化やクラスタリングといった技術革新の恩恵を、より多くの企業が享受する時代になった。

22.2　アプローチ手法が日米欧で別々に

経営アプローチは実は、米国型とも言える。常にビジネスが最優先であり、徹底的なビジネスモデル主導で始まる。これに対し、インフラアプローチは、欧州型と言えるだろう（図22.1）。最初にインフラを固めてから、ビジネスモデルやアプリケーションを考える。

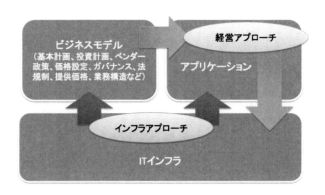

図22.1　経営アプローチとインフラアプローチの違い

結果として欧州では、コンプライアンスでもBasel規制でも、インフラを先に決め、しっかりとした法律（不文律も多い）を定めたうえで、ビジネスを展開する。その証拠に欧州は、日本や米国に比べ、コンプライアンスに厳しく、独禁法といった法律も世界でも群を抜いて厳しくなっている。

(3) 危機管理アプローチ

　何かトラブルやインシデントが発生した後に、その対策としてITを礎とする方法で、日本型の手法である。富士通や日立製作所、NECといった日本の大手ITベンダーやSI（System Integration）事業者は、システム要件に強く、ユーザー企業の要望を丁寧に拾ってきた。ユーザー企業からすれば"業務密着型"の方式であり、とても居心地が良かった。

(4) リスク管理アプローチ

　危機ではなく、リスクに焦点を当てるアプローチである。危機管理アプローチが、既に起こったトラブルに対処する方法であるのに対し、リスク管理アプローチでは、まだ起こっていないが将来起こり得るハザードへの対策を考える。

　リスク管理アプローチが導入されるきっかけは、ずばりSOX（Sarbanes-Oxley Act：サーベンス・オクスリー）法である。日本版SOX法が導入された際に、RCM（Risk Control Matrix）を作成することになり、リスクではなく、危機ばかりを書き込んだ経験をお持ちの読者も少なくないのではないだろうか。

　きっかけはともかく、リスク指向の「リスク管理アプローチ」が初めて試されたのが日本版SOX法対策であり、そのためのシステムである。2011年3月11日に起こった東日本大震災後は、"想定外"をなくす活動が尊ばれるようになった。これが、まさにリスク管理である。

　なお参考までだが、米国SOX法については今もコンサルティングビジネスは堅調で、それに関連するIT統制についてもニーズが高い。日本のユーザー企業やIT業界があまり気付いていない盲点だと言えるだろう。日本では米国で起こった波が2〜3年遅れてやってくるので、その時には慌てて対応することになるのかもしれない。

　アプローチ方法をまとめると図22.2のようになる。今後は、筆者が「オープン・イノベーションによるアプローチ」と呼ぶ方法での変革が期待される。物事が進化を遂げるには新旧の融合が不可欠であり、技術の境目を超えた融合が起こるためには変革しかないからだ。

手法	年代	特徴
経営アプローチ	1965年〜	ビジネス主導、米国型
危機管理アプローチ	1985年〜	業務密接、日本型、SI事業者が得意
インフラアプローチ	1995年〜	テクノロジー主導、欧州型
リスク管理アプローチ	2005年〜	コンプライアンス主導、きっかけはSOX法
オープン・イノベーションによるアプローチ	2015年〜	新旧の融合によるイノベーション／変革主導、イベントドリブン型

図22.2 ITシステム構築時のアプローチ手法の違い

　こうしたアプローチ手法のうち、インフラアプローチでは、新しいITインフラから新しいビジネスモデルが生まれる。身近な例が携帯電話である。携帯電話が登場したことで、私たちの生活そのものが大きく変化した。

　インターネット後のインフラアプローチのキーワードを時系列で見ると、WWW、On Demand、Web2.0、Enterprise2.0、Cloud Computing、Big Dataになる。最近は、IoT（Internet of Things：モノのインターネット）や米CiscoSystemsが提唱するIoE（Internet of Everything）が旬だ。

　ITインフラは、アプリケーションにも影響を及ぼす。e-Commerceアプリケーションが、その典型である。現在はCloud Computingが、SNS（Social Networking Service）上のアプリケーションを活性化させている。

　具体的には、米国ではFortune500社の70％が、FacebookやTwitterをビジネスで活用している。残り30％は、主にB to B（企業間）ビジネスの領域なので、B to C（企業対個人）ビジネス領域では、ほぼすべての企業がSNSを使っている計算だ。インフラアプローチの影響の大きさが分かる数字であろう。

22.3 ビジネスモデルの成否を決めるルールの存在

　新しいビジネスモデルを構築するために筆者は、市場での成功事例を分析している。ネットビジネスの成功率は、筆者の経験上、10％程度である。これを念頭に、ビジネスモデル構築に取りかからなければならない。加えて、インターネットやクラウドに限らず、市場の成功／失敗には、以下のようなルールが存在する。

- **The 50-50-90 rule**
  Anytime you have a 50-50 chance of getting something right, there is a 90 percent probability you'll get it wrong.}
  　（成功すると思われる確率が五分五分の時に行動すると、90％は失敗する）

- **大数の法則**
  数多く試せば試すほど成功確率は下がる。

- **91% of unhappy customers**
  91% of unhappy customers will not willingly do business with your organization again.
  　（不満を持っている顧客の91％が、あなたの組織とは2度と仕事をしたくないと思っている）

　「The 50-50-90 rule」は、奇しくも、筆者の経験で得た「成功率10％」と深くリンクする。その意味では、成功可能性が51％以上あるビジネスを考えていかねばならない。一方で成功する単純な方法がある。ビギナーズ・ラックだ。ビジネスは賭け事ではないと思われるかもしれないが、やみくもに数を打っても成功はしない。最初にやったことが、最も成果が上がることが頻繁にある。これは数学的にも証明されている。
　具体的には、回数が多くなると、分散が小さくなり、正規分布の平均の周りに固まってくるため、勝てない領域が増える（図22.3左側の「負けるモデル」）。逆に、試す回数が少ないと、分散が大きく散らばっていき、負ける領域

が減る（図 22.3 右側の「勝つモデル」）。

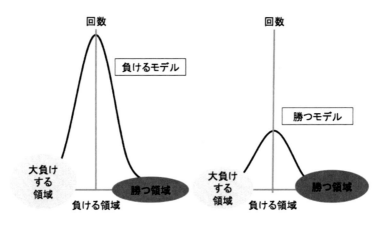

図 22.3　大数の法則を示すグラフ

　大数の法則に、「The 50-50-90 rule」を併せたアプローチがグローバル時代にはフィットしているのではないだろうか。
　つまり、グローバルで誰よりも早く最初に実施することが必要だということだ。第 1 回目の挑戦で、なるべく 51 ％以上の確率で成功すると思われるビジネスを仕掛けなければならない。そのうえで、ビジネスを継続させるために「91% of unhappy customers」のルールもケアするわけである。

22.4　デマンドドリブンからイベントドリブンへ

　「91% of unhappy customers」への対応においては、まず仮説を立て、最初はあいまいなルールでシステムを構築・稼働させた後に、そこから得られる結果を科学的に分析することでルールの精度を高めていく仕組みの重要性が増している。イベントドリブン型と呼ばれる仕組みである。
　従来、B to C でも B to B でも、個人や顧客企業の要望（デマンド）に従って処理するシステムにこだわってきた。B to C なら個人情報の 4 要素である

氏名、生年月日、性別、住所で個人を区別するシステムだ。B to B では、そうした個人の特定が難しいとして、より俗人的なシステムが構築されている。これらをデマンドドリブン型と呼ぶ。

ただ、この50年間で、デマンドドリブン型のシステムは、ほぼ作り切っており、市場ニーズは枯渇している。しかも、ユーザーの要望を十分に汲み取っているとはいえず"unhappy customers"が増えるばかりだ。そもそもユーザーの要求があいまいな時代なのだから、イベント、つまり単なる事象に基づいて動作する仕組みが求められている（関連記事『IT部門は作るべきシステムが変革したことを認識せよ』IT Leaders）。

昔からビジネスの基本はPDCA（Plan、Do、Check、Act）であり、まずプランありきだった。原則はPDCAを前提にすれば良いが、いざビジネスを始めると、計画が当たるほうが珍しく、まず行動し、いかに補正していくかが大切である。

そのため最近は、「OODA（Observe、Orient、Decide、Act）」が脚光を浴びている。常に動向を監視（Observe）しておき、ここぞという時に標的を定め（Orient）て、決定（Decide）し、アクションを起こす（Act）。十分にモニタリングし、変化に柔軟に対応し行動するイベントドリブン型である。

筆者の経験で言えば、現在のITシステムの95％がデマンドドリブン型で、残り5％がイベントドリブン型である。今後の市場の伸びを考慮すれば、5％の領域にビジネスモデルを作ることがお勧めだ。インフラアプローチで挙げたIoTやIoEといった旬のキーワードがまさに、このイベントドリブン型システムを実現するためのテクノロジーである。

22.5　反対意見がないビジネスモデルは成功しない

さらに、何か新しいビジネスを立ち上げる場合は、周りの人が全員、賛成ならば、そのビジネスは実施しないほうが良い。反対意見があるときこそ、新しいビジネスを検討するチャンスだ。

その一例に「Yo」がある。単に、「Yo」というメッセージを送るだけのサービスだが、たった2カ月で100万ドルもの投資資金を得ている。Yoは元々、

経営者が部下を呼び出すために使おうと開発させたシステムである。組織の中で、特別な用事がない限り、電子メールや電話はしない。だが、長らく声をかけられていない側からすると「忘れられた存在」になったと思い込みがちになる。そこで、「Yo」というメッセージだけでも送れば、「気にかけているよ！」という思いが届けられるとする。一度送るとフレンドリストに登録され、以後はワンタッチで「Yo」を送れる。

システム自体は、経営者の一言で開発することになり、8時間で完成したという。しかし、その開発には、開発者自らが反対していた。経営者に根負けして開発し、それを米Appleの「App Store」に登録しようとすると、Apple側が最初は拒否したという。周りは強く反対していたわけだ。

それが瞬く間に、全世界でのユーザー数が100万人に達する。新しいビジネスモデルを作る過程では、従来の常識は通じない。だからこそ、反対意見が成功の尺度になるのだ。

22.6　末尾が「5」と「0」の年に特徴的なできごとが多い

読者の参考にと、ビジネスモデルに関する年表を作ってみた（図22.4）。影響を与えた事件やキーワードも加えていく中で、興味深い事実が浮かび上がってきた。過去から将来において、1の位に「5の付く年（1985、1995、2005、2015、2025などの各年）」の近辺で、コンプライアンスに関する出来事が多く、「0の付く年（1990、2000、2010、2020などの各年）」には、ビジネスが隆盛する傾向があることだ。

このうち1985年、1995年、2005年は、ITシステムのアーキテクチャーが集中型から分散型に切り替わった時期である。分散型になるとコンプライアンスに傾斜するだけでなく、新しいテクノロジーや、それを駆使したアプローチ方法が誕生していることになる。

この傾向は、ITに限ったことではない。縄文時代から現代に至るまで、人口が集中する時期と分散する時期が繰り返されている。集中すると経済が繁栄し、分散（地方分権）すると規制が厳しくなる一方で、新しいモノ（特産物、技術など）が生まれてきた。こうしたトレンドも見極めたうえでビジネスモデ

ルへの対応を考えたい。

　景気には波があることは知られており、有名なものに「コンドラチェフの波（約50年周期）」や「クズネッツの波（約20年周期）」「ジュグラー循環（約10年周期）」「チキン循環（約40カ月周期）」がある。そして、これら4つの波がそろって上向きになるのが、2014年だと言われている。実に1960年代以来のことである。

　上述したように、下一桁が5の年には新しいテクノロジーが誕生する時期であり、技術の境目だ。2015年に起こった技術の境目（クラウド、IoT、ビッグデータ、人工知能などを基盤にしたオープン・イノベーション）をテコに、2020年のビジネス隆盛期に備えたいものだ。

　なお、人工知能が人間の能力を超えるシンギュラリティも、やはり末尾に5が付く2045年と言われている。

時期	主な出来事
1970年代	米国の産業空洞化（少し前の日本に近い現象）
1976年	米Apple創業
1977年	米Oracle創業、米で海外腐敗行為防止法（コンプライアンスの原点）
1979年	米EMC創業
1984年	米Cisco創業
1985年	電子書籍元年、男女雇用機会均等法制定
1986年	Client／Server Computingという用語が登場
1989年	日本、消費税3％を導入
1990年	日本のバブル経済絶頂期
1992年	COSO (the Committee of Sponsoring Organization of the Treadway Commission) による内部統制フレームワーク
1994年	米Yahoo!、米Amazon.com創業
1995年	EU指令
1997年	日本、消費税を5％に
1998年	米Google、米VMware創業
1999年	IoT (Internet of Things) という用語が使われ始める
2000年	インターネットを使った各種ビジネスモデル誕生の隆盛期（インターネット販売、インターネットクーポンサービスなど）、ケータイビジネスの本格化、ITバブル崩壊
2001年	エンロン事件（GRCに関する大きな事件）
2002年	LinkedIn創業、SOX法成立
2003年	On Demandという用語が使われ始める
2004年	Web2.0という用語が使われ始める。Facebook創業。SOX法適用開始、COSO ERMフレームワーク
2005年	Enterprise2.0という用語が使われ始める。日本、個人情報保護法施行
2006年	Cloud Computingという用語が登場。Twitter創業。日本版SOX法成立
2007年	Big Dataという用語が登場。日本版SOX法完全施行
2008年	リーマンショック（海外では通じない。「2008 Financial Crisis」が適切）
2009年	SDN (Software Defined Network) が注目を集め始める
2010年	ITアウトソーシング契約更改のピーク
2011年	SHARE3.0ビジネスモデル（Crowd Funding、Crowd Lending）、LINEサービス開始
2012年	NFV (Network Function Virtualization) が注目を集め始める。CiscoがIoE (Internet of Everything) を提唱
2014年	日本、消費税を8％に。Yoビジネスモデル登場
2015年	2015年問題（IT需要がピークを迎え、人材が足りなくなる。ただし2、3年の需要なので、一気に解消するとされる）
2020年	Tokyo Olympic
2025年	昭和100年問題（昭和、平成の通算で100年が経ち、ITでの対応が必要とされる）

図 22.4　1970 年代から 2025 年にかけたビジネスモデル関連の主な出来事

第23章
GRCが求める英語力、遂行能力、プレゼン力

　IT戦略における日本と世界の差異を見極めるために、「GRC（Governance、Risk Management、Compliance）」の観点から考察している。以下では、GRCを進めるうえで必要になる能力、すなわち英語力や、業務遂行能力、プレゼン力をグローバルな観点からみていきたい。

　グローバル化（Globalization）は、ラテン語の「globus」が語源である。「糸玉＝clew」という意味だ。ギリシャ神話に登場する英雄テセウスは、迷宮に閉じ込められた怪物ミノタウロスを退治する際、迷宮で迷わないための命綱としてclewを使った。
　私たち現代人も、グローバル化が進展する世界で迷わないようにclewが必要だ。現在、インターネットに接続されている機器は100億台以上あるとされている。これら、つながっている先とやり取りするためのclewとして、新しいITへの対応力と英語力の2つの必要性が急速に高まっている。
　ネット上で英語を使うユーザーは5億4000万人程度だとされ、多言語と比べ最も多い。ビジネスの世界でも、アジアにおける共通言語は事実上、英語である。世界でよく使われているソフトウェアやサービスを次々と繰り出してくる著名なネット企業は、ほぼすべてが米国発。すなわち、最新のソフトウェアやサービスも英語がベースだということだ。
　ここで、筆者が使っている便利なサイトの1つを紹介しよう。「www.archive.org」がそれで、1996年から今に至るまでの履歴と、かつてのWebページそのものが見られる。もちろん、ここに保存されているデータ

も英語情報が中心である。

GRC（Governance、Risk Management、Compliance）の観点では、英語力と遂行能力、そしてプレゼン力が決め手になる。相手に理解してもらうためには、「Accountability（説明責任）」や「Assert（主張する）」が求められるためだ。

グルーバル化に対応するには、文書は英語で作るしかない。ビジネスにおいて各国で情報を共有する際は、英語で作るのが常識だ。母国語が英語以外の国のメンバーは、日本に限らず、英語版と母国語版の2つの文書を用意しなければならない。

IFRS（国際会計基準）の世界でも、報告書は英語で作るという議論があった。これも必然の流れである。グローバルな活動では、英語で文書を作り、うまくプレゼンして相手を説得し、確実に遂行する、というプロセスしかない。以下、これら3つの能力を順に見てみよう。

23.1 GRCが求める英語力

英語力に関しては、今さらの指摘かもしれない。だが、GRCの観点でみれば英語力は、一般に理解されている以上に、日本人が不利益を被っている。

コンサルタントである筆者は、外国人のコンサルタントと協業する機会が少なくない。彼らと共に日本企業にコンサルテーションを実施していると、日本人コンサルタントを彼の能力以下に解釈し、外国人コンサルタントに対しては能力以上に解釈する日本人が多い。これは実は、言語による理解力の差が問題である。そのため筆者は、外国人コンサルタントと肩を並べるために、通常の倍近い能力を提示できるように心がけている。

例えば、外国人と日本人の両コンサルタントが、同じ100のコンサルティング能力を持っているとしよう。日本人の英語力は平均的にある程度は高い。ネイティブスピーカーとの会話であれば、その理解できる範囲は70％程度だろう。

コンサルタントから説明を受けた日本人からすれば、英語で話す外国人コンサルタントの話は70％しか理解できない。にもかかわらず、後述するプレゼ

ン力などに支えられ、理解できない残り 30％ については、好意的に解釈してしまう。

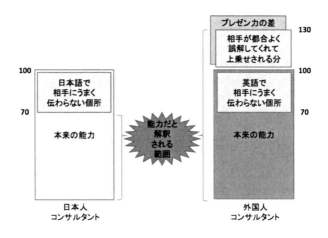

図 23.1　言語解釈による優位性

　加えて、日本人が英語で質問しても相手には十分伝わらない。それでも英語で回答が返されると、内容が不十分でも、あるいは理解できなくても "凄い" ことだと思う傾向がある。結果、外国人コンサルタントの能力は、実際の 100 に対し 130 ぐらいあるようにとらえられる（図 23.1）。

23.2　日本語で話して分からなければ「能力が低い」と判断される

　一方、日本人コンサルタントによる説明は、当然ながら、言葉としては 100％ 理解できる。すると、言葉は分かるのに、内容が理解できない部分があると、それは説明力の低さや理論不足などコンサルタントの能力が欠如しているとみなしてしまう。そのため、日本人コンサルタントの能力は、70 程度だと評価されることになる。
　同じ能力を持っていても、英語力が介在することで、130 対 70 と、倍近い

差が生じてしまうわけだ。

　もっとも日本人であっても、英語が仕事で必須かどうかで大きく変わってくる。筆者は外資系企業に28年勤めたが、日常的に英語を使うようになると、日本語でのプレゼンテーションや考え方そのものが変化してくるようだ。具体的には、以下のような点である。

- 結論を先に言うこと
- 言葉に抑揚があること
- 間（空白）をうまく使えるようになること
- 右脳が鍛えられること（筆者の場合、電話でも左耳で聞くことが増えた）
- 論理的な思考ができること

　逆に欠点は、日本語での会話であっても、相手に対して結論を先に期待しているため、話が長く感じてしまうことだ。

23.3　GRCが求める遂行能力

　コンサルタントには、3つの役割がある。最も重要なのが、ユーザーへの解決策、すなわちソリューションを作り出すことだ。2つ目が、何らかの分野のエキスパートであること。最後は、セッションや打ち合わせ等をうまくコントロールすること、すなわちファシリテーションである。

　グローバルな環境で仕事をするためには、これらの役割を果たせなければ仕事はできない。日本国内でもコンサルタントの約2割は外国人が採用されているという。ただこれは、コンサルタントに限ったことではなく、すべての職種に通じることだ。

　ITリテラシーも、この遂行能力の1つになる。推測でしかないが、日本人のITリテラシーは30年前に比べて大きな地盤沈下が起こっているのではないだろうか。

　ここでいうITリテラシーとは、WordやExcelといったオフィスソフトの使い方を言っているわけではない。システム構築やビジネスプロセスの改革時に求められる、ITアーキテクチャーやソフトウェア工学などに関連する知

識やノウハウ、さらには、次々と登場する新しい IT への対応力などを指している。

　先頃も、筆者がコンサルティングしている顧客が、導入している某外資系企業の IT 製品をより深く使いこなそうと、同社の日本法人に質問を出した。ところが、6 カ月経っても、まともな回答が返ってこない。たまたまシンガポールへ出張する機会があり、その外資系企業のシンガポールのオフィスを訪ね同じ質問をすると、たった 5 分で明確な回答が出てきたのだ。

　成熟化が進む日本の IT 市場にあって、日本法人には、そもそも技術が分かる人材が配置されなくなってきていることが考えられる。あるいは、そうした人材を配置していても、英語力の問題から本社などにきちんと問い合わせができていないとも言える。この例がすべてではないが、本質的に日本で活動する IT 企業の技術的なスキルが落ちてきていると感じる機会が増えている。

　もちろん、勢いがあり、技術力も高い IT 企業も、まだまだ数多く存在する。だが、外資系企業の中には、日本市場の売り上げがグローバル全体の 10 ％に届かなくなった企業が少なくない。その背景には、IT リテラシーの低下があると考えられる。

23.4　遂行能力を高める 3 つの S

　さらに筆者は、3 つの役割に加えて「3S（Sense、Skill、Spirit）」が必要だと感じている。最初の「Sense」は、英語では「good taste」という言葉を当てるので、この 3S は筆者のオリジナルである。

　まず、仕事をする上で物事を成し遂げるには、他の人が気付かないものを発想できる「Sense（センス）」が必要である。特に、ソリューションを作り出すには、このセンスがなくてはならない。

　エキスパートになるために必要なのが「Skill（スキル）」だ。そして、ファシリテーションをうまく進めるには、相手に信頼してもらえるような真摯な態度、すなわち「Spirit（精神）」が大切である（図 23.2）。

　Sense が十分にある人は、楽をしても結果を得られる。だが、Sense が不十分だと Skill で補わなければならない。Sense も Skill も不十分ならば、「何で

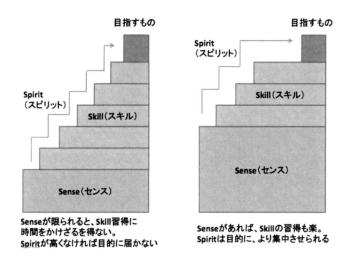

図 23.2　3 つの S（Sense、Skill、Spirit）の関係性

もやります！」という Spirit、言い換えれば「気概」が必要である。この 3S も、すべての職種に通じるものだろう。

23.5　GRC が求めるプレゼン力

　グローバルな環境で自らを主張するには、効果的なプレゼン力が必要だ。上述した日本人コンサルタントと外国人コンサルタントの評価の違いには、英語力だけでなく、このプレゼン力の差も影響している。身振り手振りや間の取り方など、外国人のプレゼン力を見習う必要がある。

　筆者自身、日本 IBM に入社した 1989 年以前は、自己紹介すらうまくできなかった。その後、年間 200 回前後、講演やプレゼンをするようになったことで、プレゼンには、それなりのノウハウがあることを体得できた。それを共有したい。

　プレゼンはかつて IT 業界の特徴の 1 つだったが、今はどの業種・業界でもプレゼンは避けて通れない。成功するプレゼンのキーワードは、「HP と MS」

である。IT業界発だから「ヒューレットパッカードとマイクロソフト」という意味ではない。HPとMSは、下記の頭文字である。

- H：Humor（ユーモア）
- P：Passion（情熱）
- M：Moving（感動）
- S：Surprise（驚き）

英語／日本語を問わず、プレゼンには必ず「Humor」を盛り込む。当然、相手を傷つけない品位のあるものでなければならない。そして、一貫して自らの「Passion」を伝えながら、その中に「Moving（質的なもの）」と「Surprise（量的なもの）」を盛り込む。

外国人の英語によるプレゼンでは、これら4つの要素が自然に含まれている。だが日本語の場合は、HPが欠ける傾向がある。不思議なもので英語を学習すると、これら4つが自ずと身に付いてくるようだ。

23.6 同じ内容でも理解度が変わる「メラビアンの法則」

HPとMSはプレゼン内容に言及したものだが、同じ内容でも伝え方によって、その理解度は大きく変わってくる。4-3で紹介した「メラビアンの法則」が作用するからだ。つまり、人が相手を判断する時は、見た目が55％、声やトーンで38％が決まってしまう。

ただし、見た目も服装や、その配色で変わってくるように、声やトーンは、工夫次第では大きく改善できることに気づく必要がある。声の強弱や、長短、高低、音色、空白、擬声語（擬音語＋擬態語）の6要素が、プレゼンや英語学習では参考になる。

音の高低には、図23.3のような影響がある。これを意識するだけでもプレゼンには効果的だ。

同じ人間でも年を取ると、声帯が浮腫（ふしゅ）化、すなわち声帯がゆるくなり声が低くなる。だから、年齢を重ねたほうが、理性的に伝える場面には適しているのかもしれない。一般的に話す際にも、お礼はなるべく高い声で言

声の高低	与えるイメージ	利用場面
高い	怒り、お礼	喜怒哀楽を伝えるプレゼンテーション
中程度	普通、中立的	さりげないプレゼンテーション
低い	説得、理性的	フォーマルなプレゼンテーション

図 23.3　声の高低による印象の違いと利用場面

い、説得する時は低い声を心掛けるなど、声の高低を意識したい。

「空白」もプレゼンでは大きな力を持っている。良いプレゼンでは、我慢して空白つまり何も言わずに注目を集めている。多くの方々のプレゼンを聞いていると、間を持たせるために「えー」と何度も発する講演者が少なくないが、これはむしろ逆効果である。

第24章
グローバル成長における日本とアジアの差

　IT戦略における日本と世界の差異を見極めるための観点として、「GRC（Governance、Risk Management、Compliance）」を取り上げてきた。以下ではGRC編のまとめとして、日本とアジアの成長力の差について考えてみたい。

　GRC（Governance、Risk Management、Compliance）は、その言葉通りのリスク管理だけではなく、戦略による成長も意味している。GRCの"G"により、企業は成長していかねばならないのだ。

　企業が成長するためのキーワードは、「Globalization（グローバル化）」「Innovation（変革）」「Diversity（多様化）」の3つだ。しかし、日本と海外、特に日本とアジアを比較した場合、成長力に大きな差がある。日本企業は、この差を考慮したうえでグローバル化に取り組まなければならない。

24.1　成長力の源泉はハードとソフトの間にある差

　世界一物価が高いと言われるシンガポールを筆者は良く訪れる。そして、そのたびに、いつも考えさせられる。港には東京湾を超える数の船舶が停泊し、街には日本と同等かそれ以上の豪華なビルが立ち並ぶ。そして常に新たな観光地が開発されている。ショッピングモールをみれば日本以上の人出で、旺盛な食欲と買い物を促している。この差は、どこから来るのだろうか。

1つの確信に近い答えが筆者の中にはある。シンガポールでは、ビルや観光施設、ホテルなどのハードウェアと、人的なスキルやコンテンツなどのソフトウェアの間に大きな差があるのだが、このハードウェアとソフトウェアの差が成長力の源泉になっているということだ（図24.1）。
　ここで言うソフトウェアとは、単なるITのソフトウェアという狭い意味ではない。人材やコンテンツ、運用方法、R & D（Research & Development：研究開発）、各種のノウハウなど広義のソフトウェアである。Innovation（イノベーション）の種とも換言できる。

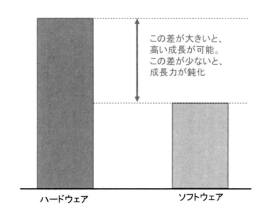

図24.1　成長力を生み出すハードウェアとソフトウェアの差

　両者の差は、大きければ大きいほど成長につながる。だから同国は、ソフトウェアの質を上げるために外国人労働者（ゲストワーカー）を招き入れた。その数は既に労働人口の3分の1を超えている。
　一方、日本はどうか。現時点では、ハードウェアとソフトウェアの差は、ほとんどない。ハードウェアは十分に開発し尽くされ、ソフトウェアも人的な面を含め質的に十分に高い。加えて「何かを買う」という意識も弱かった。ハードウェアとソフトウェアの差がないが故に成長しないのだ。
　しかし、2020年の「Tokyo 2020 オリンピック」開催が決まり、そこへの期待が2013年9月以降、意識は一変している。莫大な公共投資により新たなインフラが作られようとしている。鉄道や道路、豪華なビルなどハードウェアが

一気に伸びようとしている。それに追いつこうとソフトウェアが成長を始めれば、良い循環が起こる。

一般に、ハードウェアとソフトウェアの差がない時は成長しない。そこから社会が成長するには、次の2つの方策しかない。

1. 超先端なハードウェアを作る
2. ゲストワーカーを入れるか子供を増やす政策に切り替える

Tokyo 2020オリンピックが決まった日本は、1に傾斜した。リニアモーターカーをはじめ、投資計画の前倒しが考えられているようだ。ハードウェアに引っ張られる形で、ソフトウェアや人材が伸びていく。

さらに、東北復興により建設業界では元々、人材ニーズが高いので、新たなハードウェア開発のためには、ゲストワーカーを受け入れることにもなる。移民とまではいかないが、2の方策も今後は、同時に進めることになるだろう。

もちろん、オリンピック関連施設やリニアモーターカーなどは、いわゆる"箱物"であり、少子高齢化が進む日本では「将来的には重荷になる」との意見がある。しかし、それらの課題点を解決したり懸念を払拭したりするためのソフトウェアを考え出せれば、Innovationが新たに生まれるのも事実である。これを企業に当てはめれば、GRC視点から次の3つの方策により、成長力を維持できるはずだ。

1. 業界の中でも優位となるハードウェア（ITを含む）を持つ = Innovation
2. 女性を含めグローバルな従業員を採用する = Globalization
3. これらにより新たな領域に進み多様化を図る = Diversity

24.2　優秀な女性が活躍する国や企業は成長過程にある

ここで、1の方策である「業界で優位なIT」とは何かを考えてみたい。そのために例えば、小売業界の現状を見てみよう。小売店は大きく2つのタイプに分かれる。買いたいものが明確な人を店頭に誘導する形と、買いたいものが不明確な人に対し、工夫を凝らして買わせる形である。前者の場合は、商品を陳

列すれば十分である。

　だが後者の場合は、VMD（Visual Merchandising）、すなわち、買う気がない客に、どう買わせるかという小売店側の見せ方のテクニックが必要になる。モノ余りの時代になればなるほど VMD の必要性は高まる。昨今、デジタルマーケティングなど、マーケティング関連手法が話題になるのもこのためだ。

　日本では今、安いものと高いものがよく売れる 2 極化が進んでいる。中途半端なものは売れない。だが、シンガポールのようなアジアの成長国では、そこそこの値段のもの、すなわち日本では売り上げが伸び悩んでいる価格帯の商品が売れる。正規分布でいえば、平均値の周りにある商品である（図 24.2）。

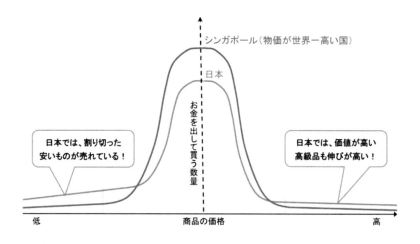

図 24.2　正規分布で見る日本とシンガポールの差（縦軸は相対比）

　これをコモディティ（日用品）とも呼び、どこから買っても同じで、値段も似たようなものを指す。では、どこから買うかといえば、印象が良い人から買う。つまり、「メラビアンの法則」である。人を判断する時に、55 % は見た目で、38 % は声で判断してしまう。内容は、残りのたった 7 % だ。

　成長国では、メラビアンの法則に従って売れば必ず売れる。アジアの国々の IT 業界で、優秀な営業担当者に女性が少なくない理由の 1 つが、ここにある。米国の IT 企業でも、IBM や HP、Yahoo！など、トップを女性が務める企業が増えている。女性が大いに活躍できるという観点でみれば、米国の IT 業界

は今も成長中だと言えるだろう。

　では、日本のように、コモディティな製品の売り上げが伸び悩み、それより安価な価格帯の製品が増えている市場では、どうすればよいのだろうか。そこは価格勝負であり、マーケティング勝負になっていく。買う側は全くの素人だから、彼らの心をつかむには、AKBの総選挙のように、1人の消費者に何度も同じ商品を買ってもらうための工夫が必要になる。だからビッグデータが注目を集める。

　逆に、高額な製品については、「おもてなし」が不可欠になる。コスト高にはなるが、価格に見合ったサービスや製品であることを可視化しなければならない。筆者の本業であるコンサルティングも、高額商品のエリアに属する。顧客が期待する以上に桁違いの内容を提供しなければならないわけだ。

24.3　優位なITの定義は、これまでとは全く異なる

　さて優位なITについてである。実はITにおいても、VMDが必要になってきている。この50年間、ITシステムは、ユーザーの要望に基づいて作られてきた。すなわち、要求（デマンド）が明確で、その要求に併せてITを陳列していればよかったのだ。そこで作られたシステムは、要求に起因したシステム、つまりデマンドドリブン型のシステムである。

　デマンドドリブン型のシステムは、日本では作り切っている。恐らく、日本にあるシステムの95%以上がデマンドドリブン型であろう。結果、ユーザーニーズが枯渇している。そこでの売れ筋は、クラウドサービスのように安いか、インメモリー技術などの高速化技術によって処理が速いかの2つしかない。

　IT版のVMDではどうなるのか。そこで考えられるのが、イベントドリブン型のシステムである。例えば消費財の例では、人が自動販売機の前を通りかかるという"イベント"に併せて、適切な商品を売り込む。これを進めると、消費者1人ひとりに個別対応したシステムに行き着くだろう。

　現状5%にも満たないイベントドリブン型のシステムを作っていくことが、社会への貢献と同時に、ITの有効活用によるビジネス拡大につな

がる（関連記事『IT部門は作るべきシステムが変革したことを認識せよ (http://it.impressbm.co.jp/e/2013/08/08/5070)』）。

　デマンドドリブン型を第1のドリブン、イベントドリブン型を第2のドリブンに位置付ければ、第3のドリブンも考えられる。それは、ユーザーの顕在化した要望や行動ではなく、感情（エモーション）に基づくものになるはずだ。詳細は別の機会に譲るが、エモーションドリブン型とは、個々の人の感情に合致した最適なモノやプロセスなどを提案できるシステムである。

　シンガポールなど成長している国では、デマンドドリブン型システムを作り切っていない。従来型の需要は引き続き強い。だがそれも、いずれは日本と同じように要望が枯渇し、イベントドリブン型へと移行する。

　企業システムがデマンドドリブン型からイベントドリブン型へ移行する時期には、ある目安がある。年間のIT予算の現象である。IT予算は移行期に減る傾向がある。これがいわゆる「キャズム」という現象である。

24.4　自然淘汰を意識し新陳代謝を繰り返す必要がある

　すべてが前に進んでいく過程で、成長とは裏腹に消えていくものがある。しかし、それに固執するのではなく、自然淘汰を意識し、新陳代謝を繰り返すこともグローバル化では必要だ。

　ITの世界でも、メインフレームのIBM System／360が登場し、ITの主流になった。その後、クライアント／サーバーコンピューティング、インターネット、クラウドコンピューティングへと変遷してきた。2020年には、Brain Computing（脳科学コンピューティング）の時代が来るかもしれない。

　アプリケーションを見ても今や、Eコマース（電子商取引）よりMコマース（モバイルによる電子商取引）が注目を浴びている。筆者が仕事で初めてEコマースに接したのが1994年。20年以上も前の話であるが、既にショッピングカートを使えるEコマース製品があった。だが、最近のショッピングモールでは、ショッピングカートではなくショッピングバッグへと進化している。

　Mコマースの世界では、SEO（Search Engine Optimization：検索エンジン最適化）からASO（App Store Optimization：アプリストア内最適化）へ、

ポータルからレコメンドへと、それぞれ進化している。今後は、単なる検索によるデマンドドリブン型から、IoT（Internet of Things：モノのインターネット）をベースにしたイベントドリブン型へと移り変わっていくであろう。IoTでは、ハードウェアとソフトウェアが、これまでになく融合され、ハードウェアとソフトウェアの差が縮まるようにみえる。だが、両者の差が分かりづらいのは表面的なことであり、融合の過程でそれぞれがお互いを刺激することになるため、Innovation が起こることは間違いないだろう。

24.5　課題先進国日本だからこそイベントドリブン型システムの開発を

　メインフレームが登場したころ、すなわち高度成長期にあった 1964 年の日本の姿は、人口 9718 万人、名目国内総生産 30 兆円、1 人当たり GDP は 31 万円、実質成長率が 9.5 %、国債残高は 0 円である。驚くべきことに、国の借金はゼロだった。

　それが近年では、長い間、デフレに苦しみ、先進国の中では「特殊」とまで言われるようになった。しかし、ユーロ圏の消費者物価指数が 0.3 %（2014年 8 月時点）になりデフレ懸念が強まったことで、ECB（欧州中央銀行）が2014 年 6 月 5 日にマイナス金利（マイナス 0.1 %）に踏み切っている。民間銀行が ECB に預ける際の金利をマイナスにするという措置で、主要国では前例がない。

　2014 年 9 月には金利はさらに下がり、マイナス 0.2 % になった。日本は、先進国でもはや異色ではなく、むしろ先行してきたことが、ようやく認知されてきた。課題先進国というわけだ。そしてアベノミクスで提唱する 3 本の矢は、ヨーロッパでも有効ではないかとも言われ始めている。

　実は、日本がインフレになりかかっているのは、(1) 消費税増、(2) 需要側のニーズではなく供給側の理由（給料を上げる、便乗値上げなど）による値上げの 2 つが原因だ。本来の需要先行型ではなく、若者を中心に色々な需要はまだまだ弱い。

　この弱みに効果的と考えられるのが、IT によるイベントドリブン型システ

ムである。潜在的な需要の掘り起こしが可能となる。世界に類を見ないイベントドリブン型システムや、新しい第3のエモーションドリブン型システムを先駆けて開発できれば、世界を牽引するのも決して夢ではない。

商標
本書に登場する会社名、製品名、サービス名は、各社の登録商標または商標です。
本文中では、©、®、TM マークは表記しておりません。

本書の利用について
本書の内容に基づく実施・運用において発生したいかなる損害も、著者および株式会社インプレスは、一切の責任を負いません。
本書の内容は、2016 年 2 月現在のものです。本書で紹介した製品。サービスなどの名称や内容は変更される可能性があります。あらかじめご注意ください。
Web サイトの画面、URL などは、予告なく変更される場合があります。あらかじめご了承ください。

著者プロフィール
入江宏志（いりえ・ひろし）
DACコンサルティング 代表、コンサルタント。
データ分析から、クラウド、ビッグデータ、オープンデータ、GRC、次世代情報システムやデータセンター、人工知能など幅広い領域を対象に、新ビジネスモデル、アプリケーション、ITインフラ、データの4つの観点からコンサルティング活動に携わる。34年間のIT業界の経験として、第4世代言語の開発者を経て、IBM、Oracle、Dimension Data、Protivitiで首尾一貫して最新技術エリアを担当。2017年にデータ分析やコンサルテーションを手がけるDAC（Data, Analytics and Competitive Intelligence）コンサルティングを立ち上げた。
ヒト・モノ・カネに関するデータ分析を手がけ、退職者傾向分析、金融機関での商流分析、部品可視化、ヘルスケアに関する分析、サービスデザイン思考などの実績がある。国家予算などオープンデータを活用したビジネスも開発・推進する。海外を含めたIT新潮流に関する市場分析やデータ分析ノウハウに関した人材育成にも携わっている。

STAFF
編集協力　　　IT Leaders編集部　http://it.impressbm.co.jp/
本文デザイン　株式会社Green Cherry
表紙デザイン　高橋結花
副編集長　　　寺内元朗
編集長　　　　高橋隆志

```
■本書のご感想をぜひお寄せください
http://book.impress.co.jp/books/1115101073

読者登録サービス　アンケート回答者の中から、抽選で商品券（1万円分）
CLUB impress　や図書カード（1,000円分）などを毎月プレゼント。当選
　　　　　　　　は賞品の発送をもって代えさせていただきます。
```

- 本書の内容に関するご質問は、書名・ISBN・お名前・電話番号と、該当するページや具体的な質問内容、お使いの動作環境などを明記のうえ、インプレスカスタマーセンターまでメールまたは封書にてお問い合わせください。電話やFAX等でのご質問には対応しておりません。なお、本書の範囲を超える質問に関しましてはお答えできませんのでご了承ください。
- 落丁・乱丁本はお手数ですがインプレスカスタマーセンターまでお送りください。送料弊社負担にてお取り替えさせていただきます。但し、古書店で購入されたものについてはお取り替えできません。

■ 読者の窓口
インプレスカスタマーセンター
〒101-0051 東京都千代田区神田神保町一丁目105番地
TEL 03-6837-5016 ／ FAX 03-6837-5023
info@impress.co.jp

■ 書店／販売店のご注文窓口
株式会社インプレス 受注センター
TEL 048-449-8040
FAX 048-449-8041

2020年を見据えた グローバル企業のIT戦略
クラウド/ビッグデータ/IoT/GRC
[IT Leaders選書]

2016年2月21日　初版発行
2018年1月1日　　第1版第5刷発行

著　者　入江宏志

発行人　土田米一

発行所　株式会社インプレス
　　　　〒101-0051　東京都千代田区神田神保町一丁目105番地
　　　　TEL 03-6837-4635（出版営業統括部）
　　　　ホームページ　http://book.impress.co.jp/

本書は著作権法上の保護を受けています。本書の一部あるいは全部について（ソフトウェア及びプログラムを含む）、株式会社インプレスから文書による許諾を得ずに、いかなる方法においても無断で複写、複製することは禁じられています。

Copyright © 2016 Hiroshi Irie All rights reserved.

印刷所　京葉流通倉庫株式会社

ISBN978-4-8443-3973-1 C3055
Printed in Japan